华南常见园林植物图鉴

（第2版）

Atlas of Ornamental Plants in Southern China

主　编　周云龙（华南师范大学）

副主编　林正眉（华南师范大学）
周先叶（华南师范大学）
王建中（北京林业大学）
徐晔春（广东省农业科学院环境园艺研究所）
廖文波（中山大学）
颜晓佳（深圳科学高中）
于素英（广东省建筑科学研究院集团股份有限公司）

参编者　叶华谷（中国科学院华南植物园）
李韶山（华南师范大学）
李娘辉（华南师范大学）
郭丽荣（华南师范大学）
路国辉（华南师范大学）
李　扬（华南师范大学）
申聪香（华南师范大学）
王小菁（华南师范大学）
叶育石（中国科学院华南植物园）
曾飞燕（中国科学院华南植物园）
李凤兰（北京林业大学）

审　校　齐跃强（广州市林业和园林科学研究院）

高等教育出版社·北京

内容提要

本书是一本集科学性、知识性、趣味性、科普性、观赏性为一体的植物学鉴别指导书。书中共收集我国华南地区常见园林植物73科252种，分别为蕨类植物2科2种、裸子植物5科8种、被子植物66科242种，其中乔木23科79种、灌木29科69种、草本28科77种、藤本11科17种。蕨类植物采用秦仁昌1978年分类系统，裸子植物采用郑万钧1978年分类系统，被子植物采用英国植物学家哈钦松（J. Hutchinson）1926年分类系统。

本书定位清晰，图片特点鲜明，地域特色浓厚，既可作为华南地区高校、中学等校园及周边地区植物学实习教材，也可作为广大植物学爱好者自行鉴别植物用书。

图书在版编目（CIP）数据

华南常见园林植物图鉴 / 周云龙主编. －2版. －北京：高等教育出版社，2018.6（2024.5重印）

ISBN 978-7-04-049721-2

Ⅰ. ①华… Ⅱ. ①周… Ⅲ. ①园林植物－华南地区－图集 Ⅳ. ① S68-64

中国版本图书馆 CIP 数据核字（2018）第 088672 号

封面照片说明

封一（周云龙　摄）为红花羊蹄甲 *Bauhinia* × *blakeana* Dunn，苏木科（或豆科），因叶形似羊蹄而得名，又称紫荆花、红花紫荆、洋紫荆。红花羊蹄甲终年常绿，枝繁叶茂，花色艳丽，广布华南及港澳地区，1965年被选为香港市花。

封四（王首农　摄）为大叶榕（黄葛树）*Ficus virens* Aiton，桑科，落叶乔木，茎干粗壮，板根（根系）发达，枝叶繁茂，树型优美。落叶期间，树上树下一片金黄，美丽动人，华南地区常见行道树之一。

Huanan Changjian Yuanlin Zhiwu Tujian

策划编辑　高新景　　责任编辑　高新景　　特约编辑　郝真真
封面设计　王　洋　　版式设计　锋尚设计　　责任印制　耿　轩

出版发行	高等教育出版社	网　　址	http://www.hep.edu.cn
社　　址	北京市西城区德外大街4号		http://www.hep.com.cn
邮政编码	100120	网上订购	http://www.hepmall.com.cn
印　　刷	河北信瑞彩印刷有限公司		http://www.hepmall.com
开　　本	787 mm×1092 mm　1/16		http://www.hepmall.cn
印　　张	17.75	版　　次	2014年12月第1版
字　　数	440千字		2018年6月第2版
购书热线	010-58581118	印　　次	2024年5月第2次印刷
咨询电话	400-810-0598	定　　价	62.00元

本书如有缺页、倒页、脱页等质量问题，请到所购图书销售部门联系调换

物 料 号　49721-00

网上资源

华南常见园林植物图鉴（第2版）

主编　周云龙

登录方法：

1. 电脑访问http://abook.hep.com.cn/49721，或手机扫描下方二维码、下载并安装Abook应用。
2. 注册并登录，进入“我的课程”。
3. 输入封底网上资源账号（20位密码，刮开涂层可见），或通过Abook应用扫描封底网上资源账号二维码，完成课程绑定。
4. 点击“进入学习”，开始网上资源浏览。

网上资源绑定后一年为使用有效期。如有使用问题，请发邮件至：lifescience@pub.hep.cn

华南常见园林植物图鉴（第2版）

华南常见园林植物（第2版）网上资源与纸质图鉴配套使用，是纸质图鉴的拓展和补充。包括植物分类学基础知识，园林植物识别要点、园林植物博览等网上资料，以期为读者学习提供更多思考和探索的空间。

用户名：　密码：　验证码：　3408　忘记密码？　登录　注册　记住我(30天内免登录)

http://abook.hep.com.cn/49721

扫描二维码，下载Abook应用

第1版序一 | PREFACE 1

非常高兴看到由周云龙老师主编的《华南常见园林植物图鉴》书稿，这是一本既有实用性又有观赏性的著作。认真拜读之余，有两方面给我留下了很深刻的印象。

其一，收集的植物图片具有很强的代表性和实用性。该书收集了南方常见园林植物 70 科 244 种，其中蕨类植物 3 科 4 种、裸子植物 5 科 7 种、被子植物 62 科 233 种，门类齐全，观形、观叶、观花、观果等种类应有尽有。书中对每种植物的科属名称、中文名（别名）、学名等予以注明，并作简明扼要的识别要点描述，同时列举与该种容易混淆的物种名称与区别点，增强了实用性，读者在使用该书时可通过这些识别要点和区别点把相似的植物区别开来。

其二，收集的植物图片具有很强的科学性与美感。图鉴中的植物都是经过认真挑选、有代表性的个体，确定好重点形态部位后拍照而成的，做到整株照片和特写照片相结合，特别是将植物最重要的识别部位放大，并附以文字标注，使细微结构淋漓尽致地展现，分类特征一目了然。读者也自然能清楚地知道该植物的识别要点。更值得一提的是作者注重所选用的种类和图片的观赏性，使读者在学习植物学知识的同时，还能得到美的感受，激发读者的兴趣，在自然而然中提高读者鉴别植物的能力。

我与周云龙老师是大学同学，当时他就喜欢植物系统学，对植物分类有相当的天赋。毕业后继而不弃地从事这一学科的教学与研究。1988 年他调入华南师范大学生物系任教，在植物学教学和植物区系调查研究方面颇有建树，成为华南师范大学从事植物区系和园林观赏植物教学和科研方面的骨干教师，先后荣获华南师范大学“教学工作优秀奖”“教学质量优秀奖”“课堂教学质量优秀教师”和“校级观摩课主讲教师”等各种奖项，并且连续获得 2011 年度（首届）、2012 年度（第二届）、2014 年度（第三届）华南师范大学“我最喜爱的老师”光荣称号。同时在《北京林业大学学报》《热带亚热带植物学报》《华南师范大学学报》《广东林业科技》《高校生物学教学研究》《生物学通报》《生物学教学》《中学生物教学》《生物学杂志》等期刊发表科研和教学论文数十篇。

植物分类属基础性的工作，尤其传统分类工作艰苦且较为单调，许多人因此做不下去，转搞“热点”的工作。然而，传统分类工作是不可缺少的，在世界范围内，由于这方面人才的缺乏，已经影响到学科的发展，这一问题已经引起许多国家的广泛关注。周云龙能抵御某些“喧哗”的干扰，守住内心的科学兴趣，坚持研究传统分类并做出成绩，实属难能可贵，也是我们学习的榜样。

在《华南常见园林植物图鉴》出版之际，非常高兴为之作序。相信这本书会得到园林工作者、植物爱好者和相关专业师生的喜爱，成为他们离不开的参考书和野外指导书。

中山大学植物生态学教授　彭少麟

2013 年 12 月 31 日

第1版序二 | PREFACE 2

早在20世纪80年代末我就认识周云龙，他经常参加广东省植物学会主办的各类活动，因此我们之间偶有接触。1988年周云龙老师从北京林业大学林学系调入华南师范大学生物系，继续从事植物学、植物区系学、观赏植物学等方面的教学和研究工作，现已成为华南师范大学在这个领域的骨干教师。在当今高校和科研院所以SCI论文论英雄的时代，周云龙老师能坚持传统分类研究实属难能可贵。

我本人在从事野生植物分类学研究之余，也对我国园林植物的分类、评价与利用颇感兴趣，曾出版过《中国景观植物》《东莞园林植物》等专著，这些专著图文并茂，直观易懂，受到读者的喜爱。我主编的植物分类学专著也重视彩图的应用，如《澳门植物志》《东莞植物志》《广州野生植物》等10多部专著中彩图的应用十分普遍，提高了植物志的美感和实际应用效果，弥补了过去有关分类学专著中仅用墨线图的不足。然而，我发现墨线图也有其优点，它在体现植物的细微结构方面是一般植物彩图很难代替的，因此我一直在构思出版一部既利用彩图又能像墨线图一样能体现出植物的细微结构的专著，但拍摄这类图片需要找对拍摄时间，需时较长。现在由周云龙主编的《华南常见园林植物图鉴》一书是通过彩图把植物的细微结构体现得淋漓尽致的专著，该书一改过去“一种一图”的编排老模式，重点突出如何鉴别植物，识别要点在哪里，同时兼顾观赏效果。图鉴中的每一种植物照片都是经过认真挑选，确定好重点形态部位后进行拍照而成，同时对特殊的结构进行放大，加以标注，使读者一目了然，通俗易懂。

《华南常见园林植物图鉴》一书共收集南方常见园林植物70科244种，这些种类在南方园林中广泛应用，具有很强的代表性和实用性。读者可根据某种植物的识别要点很容易把相似的植物区别开来。该书文字简明扼要，实用性强，是园林工作者和相关专业师生必备的野外指导书，也可供广大植物爱好者参考使用。相信它的出版将为普及园林植物学知识，以及为园林植物的物种鉴定和推广应用提供参考，是以为序。

中国科学院华南植物园植物分类学研究员　邢福武

2013年12月22日冬至

第2版前言 | INTRODUCTION 2

《华南常见园林植物图鉴》自2014年出版以来，在使用过程中得到了植物学同行、学生及广大青少年植物学爱好者的一致认可，并给予了很好的评价。著名植物教育学家、华东师范大学马炜梁教授形容为“近年来少有的、接地气的植物图鉴”，这是对编者最大的鼓励和支持。

在肯定《华南常见园林植物图鉴》成绩的同时，编者也陆续收到植物学同行关于本书的一些不足和建议。主要体现在文字上有些内容不严谨、有错别字、景观照片不典型，建议增加有特色的景观照片，文字再精练些。综合同行们的建议，编者深感再版的迫切性，在高等教育出版社的大力支持下和高新景编辑的亲切指导下，再版工作顺利完成。

《华南常见园林植物图鉴》（第2版）有以下特点：

（1）置换、添加有特色的照片530多张。照片是本书的核心，有特色的照片才能体现本书的价值。同时照片的像素、清晰度、色彩都达到了本书编辑的要求。

（2）对原书中的文字进行了认真修改，语句更精练，使读者学习更方便。

（3）增加“其他用途”“注意事项”等内容，使得本书的内容更丰富。书中关于植物药用价值的介绍，仅供读者参考，具体治疗方法要遵照医嘱，避免意外情况发生。

（4）新增8个有特色的园林植物，删除8个原有的园林植物，主要目的是要保持“华南”“常见”“园林植物”的特色。

由于时间紧，任务重，书中难免还会出现一些不足，恳请读者在使用的过程中及时提出宝贵建议，并发至我的邮箱（59075257@qq.com），为以后的再版做准备。编者希望《华南常见园林植物图鉴》（第2版）是集知识性、趣味性、实用性为一体，读者买得起，永不过时的一本野外植物学习指导书。

周云龙

2018年3月于广州华南师范大学

第1版前言 | INTRODUCTION 1

多年来，有关植物图鉴、图谱类的图书都有一个共同的特点，即“一种一图”的编写模式，而如何鉴别植物，识别要点在哪里，均没有介绍，显得美中不足。《华南常见园林植物图鉴》的出版，一定程度上弥补了这方面的不足。图鉴的亮点主要表现在以下几个方面：

1. 定位清晰，即重点在识别。因此，图鉴中的每一种植物照片都是经过认真筛选后进行拍照产生。

2. “宏观照片”和“特写照片”相配合。宏观照片主要展示园林植物的整体美和绿化美（如行道树、庭园绿化、盆栽、水培等）；特写照片主要展示植物体某些特殊的部位，如枝条、花等。读者在学习鉴别植物的过程中，可充分利用特写照片反映出的特征，顺利完成植物种类的识别。

3. 充分兼顾了园林植物特有的观赏性。读者在识别植物时，不仅学习到知识，还能得到美的享受，从而达到①激发学习植物学的激情；②增加保护植物多样性的意识；③深刻认识园林植物在城市绿化、维护生态平衡和环境保护中的作用。

《华南常见园林植物图鉴》共收集南方常见园林植物 70 科 244 种，分别为蕨类植物 3 科 4 种、裸子植物 5 科 7 种、被子植物 62 科 233 种。蕨类植物按秦仁昌 1978 年分类系统排列，裸子植物按郑万钧 1978 年分类系统排列，被子植物采用哈钦松（J. Hutchinson）1926 年分类系统。

《华南常见园林植物图鉴》中植物学名确定依据主要来源于“中国自然标本馆”（http://www.cfh.ac.cn/）和“植物名录网”（http://www.theplantlist.org/），前者是植物学名一般性查询首选网站，可以检索学名的状态、异名、中文名等，中文名收录数量第一，并且在不断更新中。后者是英文网站，可以检索学名的状态、发表文献、异名信息，准确率较高。除了上述两个网站外，本图鉴还综合参考了“中国植物物种信息数据库”（http://db.kib.ac.cn）、《中国高等植物图鉴》《中国高等植物》《中国花经》《广东植物志》《云南植物志》等国家级、省级植物学工具书。

本图鉴的出版凝聚了华南师范大学生命科学学院植物学团队、广东省农业科学院环境园艺研究所、中国科学院华南植物园、中山大学、北京林业大学等老师们多年的辛勤劳动和智慧。特别是在图鉴的编写过程中，他们认真负责，一丝不苟，保证了图鉴的质量和顺利出版。衷心感谢华南师范大学生命科学学院对本图鉴出版给予的大力支持，特别是中山大学著名生态学家彭少麟教授和中国科学院华南植物园著名植物分类学家邢福武研究员在百忙中为本书写了序言，不胜荣幸。最后还要感谢高等教育出版社王莉老师、高新景老师在本书的出版过程中给予的大力支持和配合。由于时间仓促，水平有限，书中一定存在错误和不当之处，恳请同行和读者批评指正。

周云龙

2014 年 5 月于广州华南师范大学

目　录 | CONTENTS

1 第一章 园林植物基础知识

2 第二章 蕨类植物

3 第三章 裸子植物

4 第四章
被子植物

草本类

藤本类

1

第一章

园林植物基础知识

一、园林植物的概念

园林植物（landscape plant）指适宜栽种于城镇绿地（公用和专用绿地）、风景区、名胜古迹等地，包括木本、草本和藤本的观花、观叶或观果植物，以及用于园林、绿地和风景名胜区的防护植物与经济植物。

二、植物的分类阶层（分类等级）

植物基本分类等级包括界、门、纲、目、科、属、种。以白兰（*Michelia alba* DC.）为例，说明它在各个分类阶层（分类等级）中的位置：

界：植物界（Regnum vegetable）

门：被子植物门（Angiospermae）

纲：双子叶植物纲（Dicotyledoneae）

目：木兰目（Magnoliales）

科：木兰科（Magnoliaceae）

属：含笑属（*Michelia*）

种：白兰（*Michelia alba* DC.）

三、植物的命名

1. 植物双名法

植物种（或物种）的命名统一用双名法，是由瑞典植物分类学大师林奈（Carolus Linnaeus，1707—1778年）于1753年创立的，双名法的核心内容是：

（1）植物命名文字统一用拉丁文。

（2）每一种植物的名称必须由两个拉丁词或拉丁化的字构成，第一个词为“属名”，属名的第一个字母必须大写，相当于“姓”；第二个词为“种加词”，相于“名”。第三个词为命名人姓氏的缩写。

双名法的最大贡献就在于每一种植物只有一种公认的通过双名法命名的植物（种）名称，而且这种名称不受地区、国别的限制，为全世界所通用。

2. 植物的学名

植物的学名（scientific name）指国际上通用的植物名称，用拉丁文表述，因此又称“拉丁学名”。植物学名的产生，统一了命名的文字，并在很大程度上避免了“同名异种”“同种异名”等混乱现象。植物种的学名 = 属名 + 种加词 + 命名人姓氏的缩写。例如：

银杏 *Ginkgo biloba* L.

Ginkgo 代表属名

biloba 代表种加词

L. 代表命名人林奈（Carolus Linnaeus）姓氏的缩写

3. 学名的书写格式

（1）属名和种加词用斜体。

（2）属名的第一个字母必须大写。

（3）命名人的姓氏缩写均用正体，而且第一个字母必须大写。

如果不是在专业文献或专著中，学名中的命名人姓氏缩写可省略，因此银杏的学名常写成：

银杏 *Ginkgo biloba* 。

4. 园林植物的命名

园林植物命名同普通植物一样，种的命名采用双名法，但是由于园林植物中含有大量的“变种”“品种”，因此有其自身的特点：

（1）变种（varieties）的命名：变种是种以下的分类等级，从各种特征和特性来看，它与原种的差异不大，还够不上另立一新种，因此，常常根据某种特征的变异或不同而划分，如花色、体态、叶的宽窄等。变种学名的一个最主要特点是具有变种符号“var.”（varieties）和紧跟其后的“变种加词”，这种命名法又称“三名法”。即植物变种的学名 = 属名 + 种加词 +var.+ 变种加词。例如：

白花洋紫荆 *Bauhinia variegata* L. var. *candida*（Roxb.）Voigt.

Bauhinia 代表属名

variegata 代表种加词

L. 代表种的命名人姓氏缩写

var. 是“varieties”缩写，代表“变种”

candida 代表“变种加词”

Voigt. 代表变种命名人姓氏缩写

如果不是在专业文献或专著中，变种学名中的命名人姓氏缩写可省略，因此白花洋紫荆的学名可写成：*Bauhinia variegata* var. *candida*。

（2）品种（cultivar）的命名：品种又称栽培品种（culture varieties），指的是为一专门目的而选择的、具有一致而稳定的明显区别性状，而且经适当的方式繁殖后，这些性状仍能保持下来的一些植物的集合体。因此，品种和种的主要区别是，种是自然界中形成的天然种群，而品种是人类根据自己的需要培育出来的。此时，植物品种学名 = 属名＋种加词＋带单引号的‘品种加词’（首字母大写）。例如：

塔橘 *Citrus reticulata*（L.）‘Tangerina’

Citrus 代表属名

reticulate 代表表种加词

Tangerina 代表“品种加词”

品种学名中，一般没有品种命名人。园林植物的品种往往比原种更芳香，叶片、花朵更大，色彩更鲜艳、美丽。因此品种的出现，极大地丰富了园林植物的资源，使得园林植物更加五彩缤纷，争奇斗艳。

有时遇到某种植物不能确实其学名时，可在属名的后面加 sp.（species 的缩写），用正体表示。如松属某个种写成 *Pinus* sp.；如是泛指松属的几个种，则用 spp. 表示，写成 *Pinus* spp.。

（3）植物杂交种的命名

杂交种指的是由两个原种或者原种与杂种、杂种与杂种交配后形成的下一代。杂交种学名用乘号“×”来表示两个原种或杂种之间的交配，例如：杂交山茶 *Camellia japonica* × *Camellia saluenensis*。

5. 同种异名和同名异种

（1）同种异名：同一种植物（学名），有不同的中文名称（俗名）。例如：

番薯 *Ipomoea batatas* Lam.

地瓜 *Ipomoea batatas* Lam.（《闽杂记》）

白薯 *Ipomoea batatas* Lam.（《岭南草药志》）

红薯 *Ipomoea batatas* Lam.（《汲县志》）

山芋 *Ipomoea batatas* Lam.（《广州植物志》）

红苕 *Ipomoea batatas* Lam.（《广州植物志》）

（2）同名异种：多种植物（学名）具有同一个中文名称。

断肠草 *Cryptolepis buchananii* Roem. et Schult.（萝摩科）

断肠草 *Chelidonium majus* Linn.（罂粟科）

断肠草 *Gelsemium elegans*（Gardn. et Champ.）Benth.（马钱科）

断肠草 *Aconitum kusnezoffii* Reichb.（毛茛科）

四、植物的营养器官

1. 根（root）

生长在土壤中的营养器官。具有向地性、向湿性和背光性是根的一个显著特征，具有吸收、固着、输导、支持、贮藏和繁殖等功能。

（1）定根（normal root）：凡是由种子的胚根直接发育而成的根以及各级分支，称为定根，定根的最大特点是发生部位固定（如对叶榕、黄鹌菜的根）。

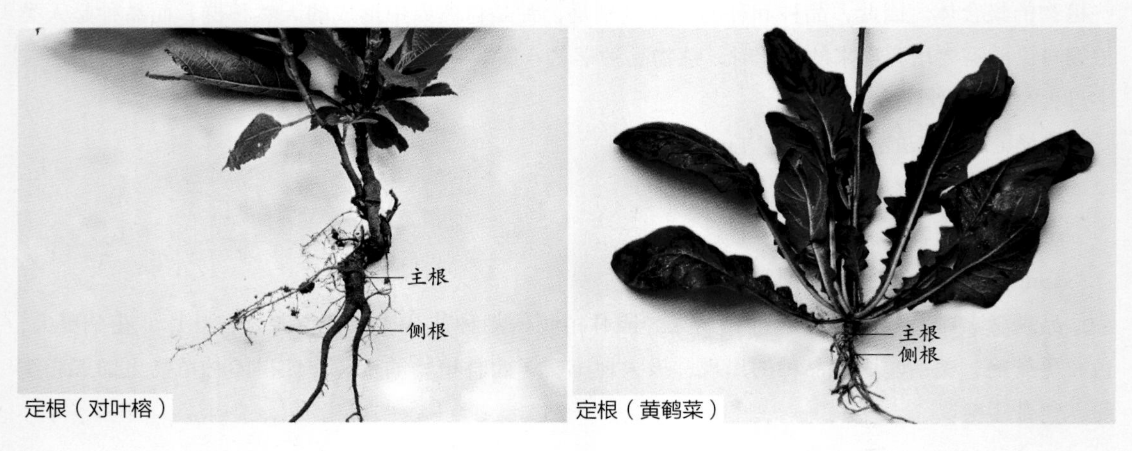

定根（对叶榕） 定根（黄鹌菜）

（2）不定根（adventitious root）：凡不是由种子的胚根直接或间接所形成的根，称为不定根。不定根的最大特点是发生部位不固定，类型多样（如气生根、支柱根、板根和呼吸根等）。

气生根（锦屏藤）　气生根（大叶榕）　支柱根（榕树）

支柱根（红刺露兜树）　板根（毛果杜英）　呼吸根（落羽杉）

2. 茎（stem）

植物体地上部分的躯干，为植物地上营养器官之一。茎与根相连，背地性生长，具有输导、支持、贮藏和繁殖等功能。

（1）枝条的形态：枝条指的是带叶的茎。由芽（顶芽、腋芽）、叶、节等部分组成。

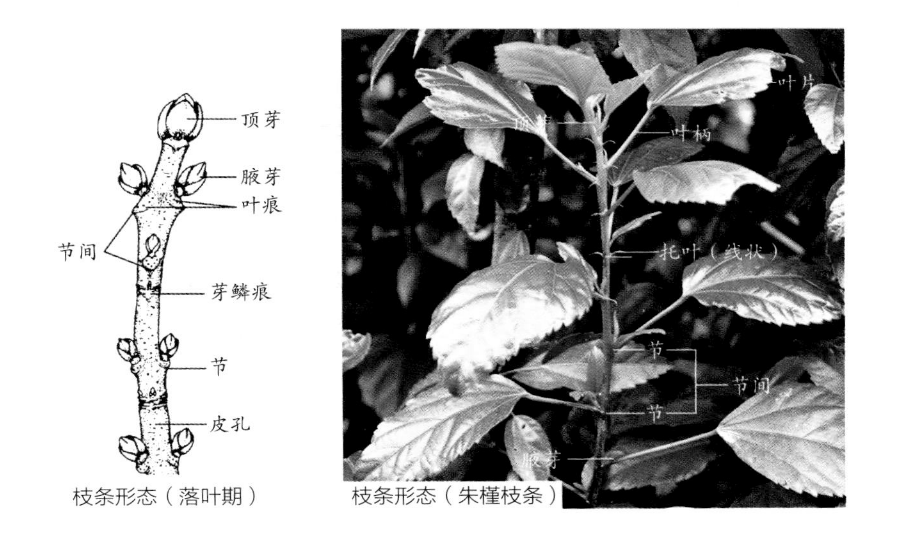

枝条形态（落叶期）　枝条形态（朱槿枝条）

（2）茎的类型：根据园林植物茎的质地不同，可分为下列几类。

①木质茎（木本茎，woody stem）：指的是木质化细胞较多、质地坚硬的茎。木质茎的主要特点是具有次生生长（增粗生长），木质部发达，寿命较长。具有木质茎的植物称为木本植物（woody plant），包括乔木、灌木、木质藤本。

乔木（tree）：具有明显主干的木本植物，如红花羊蹄甲 *Bauhinia* × *blakeana* Dunn.。

灌木（shrub）：无明显主干，常在近基部生出数个支干，成矮小丛生的木本植物，如木槿 *Hibiscus syriacus* L.。

木质藤本（woody climber）：茎长，木质，常缠绕或攀附在其他物体上生长的藤本植物，如紫藤 *Wisteria sinensis*（Sims）Sweet。

乔木（菩提榕）　乔木（鸡冠刺桐）
灌木（木槿）　木质藤本（紫藤）

②草质茎（草本茎，herbaceous stem）：指的是植物体较矮小、茎中的木质化细胞较少，质地较柔软的植物。草质茎的特点是几乎没有次生生长（增粗生长），木质部不发达，生命周期较短。具有草质茎的植物称草本植物。根据生长期的长短及生长状态的不同，可分为一年生草本植物、二年生草本植物、多年生草本植物和草质藤本。

一年生草本植物（annual herb）：植物在一年内完成生命周期，从种子萌发至开花结实后全株枯死，如一串红 *Salvia splendens* Ker-Gawler。

二年生草本植物（biennial herb）：又称越年生草本植物，种子在第一年萌发，第二年开花结实，然后全株枯死，即植物生命周期需跨越两年，如油菜 *Brassica campestris* L.。

多年生草本植物（perennial herb）：植物连续存在两年以上，生命周期超过两年。其中有两种类型：一是植物的地上部分每年都枯萎死亡，而地下部分则多年保持生活力，第二年再抽新苗，称宿根草本。二是全株或地上部分多年常绿、不死，称多年生常绿草本，如金脉美人蕉 *Canna × generalis* ‘Striatus’、白芨 *Bletilla striata*（Thunb. ex A. Murray）Rchb. f.。

一年生草本植物（一串红）　二年生草本植物（油菜）　多年生草本植物（金脉美人蕉）　多年生草本植物（白芨）

草质藤本（herbaceous climber）：植物体细长柔弱，草质，常缠绕或攀缘他物而生长的藤本植物，如篱栏网（鱼黄草）*Merremia hederacea*（Burm. f.）Hall. f.、裂叶牵牛 *Ipomoea hederacea*（L.）Jacq.。

草质藤本（篱栏网）　草质藤本（裂叶牵牛）

（3）茎的特殊形态：园林植物中，有些茎的形态特殊，具有很好的观赏价值。

王棕　美丽异木棉　黄金间碧竹　酒瓶椰子　大佛肚竹

3. 叶（leaf）

叶是植物体地上部分重要的营养器官之一，主要生理功能是光合作用、气体交换、蒸腾作用。

（1）叶序：指的是叶在枝条上有规律的排列方式。主要有互生、对生和轮生叶序。叶柄着生的部位，称为节（node），节是判断叶序类型的依据。

单叶互生（杧果）　单叶对生（蒲桃）　单叶轮生（黄蝉）

（2）叶片形态：叶片形态的判断主要是依据长和宽的比及最宽处的位置。

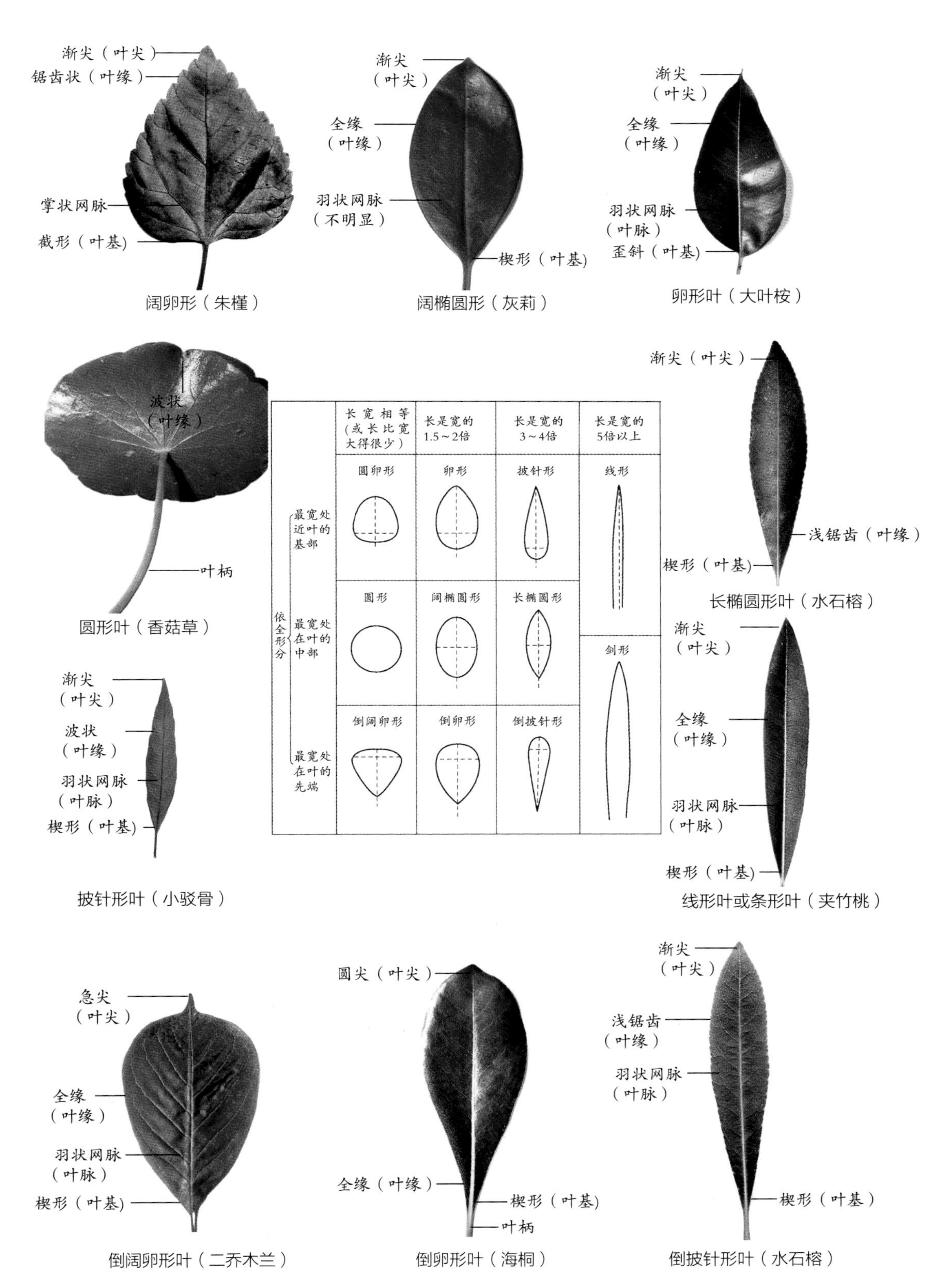

依全形分	长宽相等（或长比宽大得很少）	长是宽的1.5～2倍	长是宽的3～4倍	长是宽的5倍以上
最宽处近叶的基部	圆卵形	卵形	披针形	线形
最宽处在叶的中部	圆形	阔椭圆形	长椭圆形	
最宽处在叶的先端	倒阔卵形	倒卵形	倒披针形	剑形

阔卵形（朱槿）　阔椭圆形（灰莉）　卵形叶（大叶桉）

圆形叶（香菇草）　长椭圆形叶（水石榕）

披针形叶（小驳骨）　线形叶或条形叶（夹竹桃）

倒阔卵形叶（二乔木兰）　倒卵形叶（海桐）　倒披针形叶（水石榕）

上述叶片形态在自然界中比较常见，但是实际远不止这些。有些特殊的叶片形态，主要是根据其相似生活中的某种物体形态给予命名，主要有以下类型：

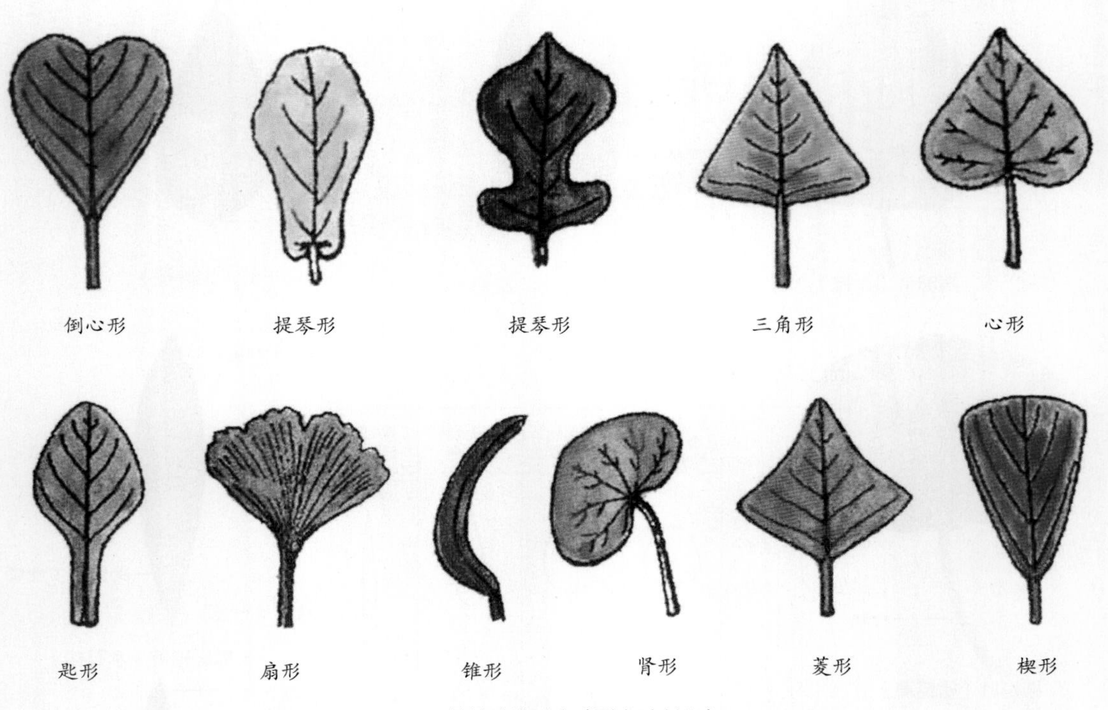

其他叶片形态（引自叶创兴）

（3）单叶和复叶：单叶和复叶的确定，关键是要找到腋芽的位置。

单叶：1 个叶柄上只生 1 枚叶片；复叶：1 个叶柄上生有多枚小叶片。

单叶（高山榕）　掌状复叶（鹅掌藤）

一回羽状复叶（黄槐）　二回羽状复叶（凤凰木）

（4）叶脉（leaf veins）指的是叶片上的维管束，由茎中的维管束分支经过叶柄到达叶片的各个部位。

网状脉：具有明显的主脉，经过逐级分支，最后形成多数交错分布的细脉，形同网眼。

羽状网脉：主脉和侧脉呈羽毛状排列。

掌状网脉：主脉的基部同时产生出多条与主脉粗细相似的侧脉，形同手掌。

平行脉：叶片中的中脉（主脉）和侧脉平行排列，或侧脉平行排列。

网状脉（春花）　羽状网脉（一品红）　掌状网脉（朱槿）

平行脉（佛肚竹）　平行脉（朱蕉）　平行脉（黄脉美人蕉）

五、植物的繁殖器官

1. 花（flower）

花是被子植物的特有的繁殖器官之一，也是一个节间极度缩短的变态枝条，通常由花梗（花柄）、花托、花萼、花冠、雄蕊群、雌蕊群组成。

（1）花的形态

花的形态（黄槐）

花的形态（锦绣杜鹃）

（2）花的性别

两性花：一朵花中，雄蕊和雌蕊都具备的花。

单性花：一朵花中，只有雄蕊的花（雄花）或只有雌蕊的花（雌花）。

两性花（红花羊蹄甲）

两性花（白花羊蹄甲）

单性花（琴叶珊瑚雌花）

单性花（琴叶珊瑚雄花）

（3）花冠（corolla）

一朵花中所有花瓣或花冠裂片（包括花冠管或花冠筒）的总称。自然界中，有些植物为了吸引昆虫传粉，常形成独特的花冠。

蝶形花冠（豌豆）
十字花冠（油菜花）
喇叭型花冠（牵牛）
钟状花冠（石沙参）

（4）花序（inflorescence）

多朵花有规律地排列在花序轴上而形成的序列。

总状花序（龙牙花）
穗状花序（垂枝红千层）

头状花序（向日葵）

肉穗状花序（佛焰花序、白掌）

隐头花序（大果榕）

隐头花序（对叶榕）纵切面结构

2. 果实（fruit）

果实是被子植物的繁殖器官之一，由子房发育形成，包括果皮和种子。

（1）果实的类型

① 干果：果实成熟时，果皮干燥。

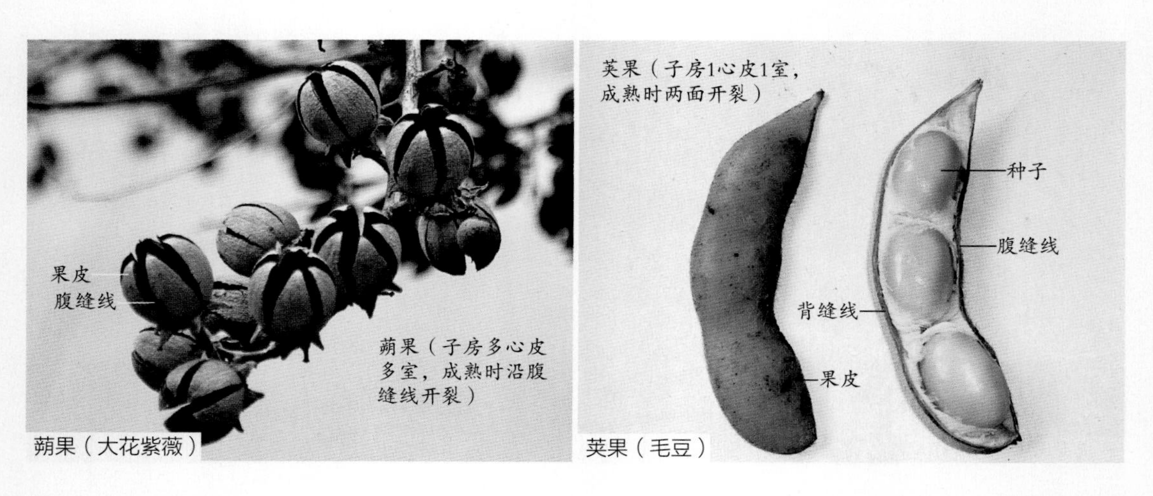

蒴果（大花紫薇）

荚果（毛豆）

瘦果（向日葵）

聚合蓇葖果（八角）

颖果（水稻）

颖果（玉米）

颖果指的是果实形态较小、果皮薄、果皮与种皮紧密愈合，而且只含一粒种子的果实，由于独特的形态特征，水稻和玉米等植物的颖果常被误认为种子。水稻更为特殊，“稻壳”是原来的稃片，真正的水稻颖果应该是不带稻壳，而且果皮和种皮没有损坏的米粒。

②肉果：果实成熟时，果皮肉质。

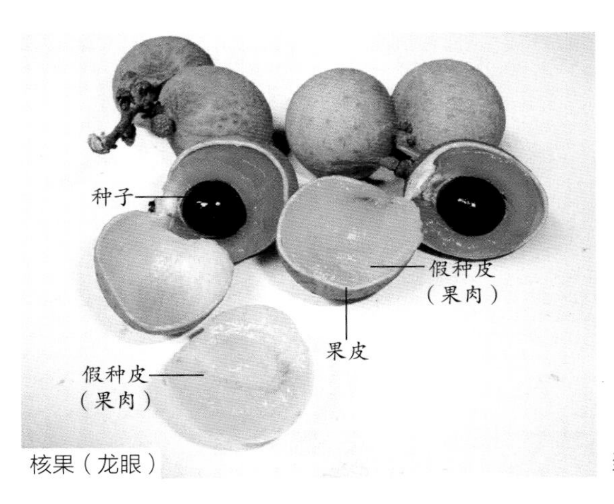

核果（龙眼）

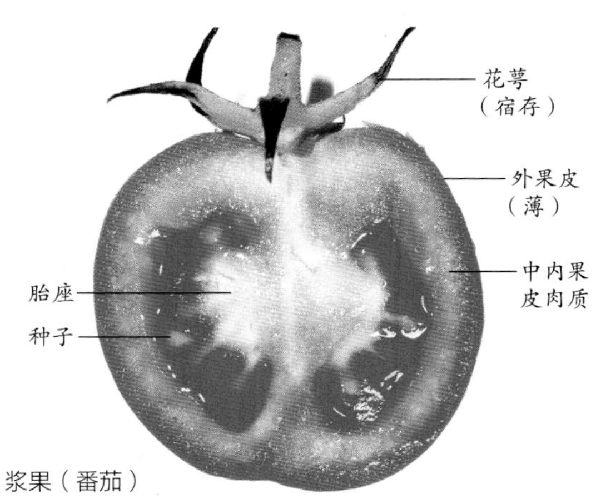

浆果（番茄）

假种皮指的是某些种子外覆盖的一层特殊结构，常由珠柄、珠托或胎座发育而成，多为肉质。

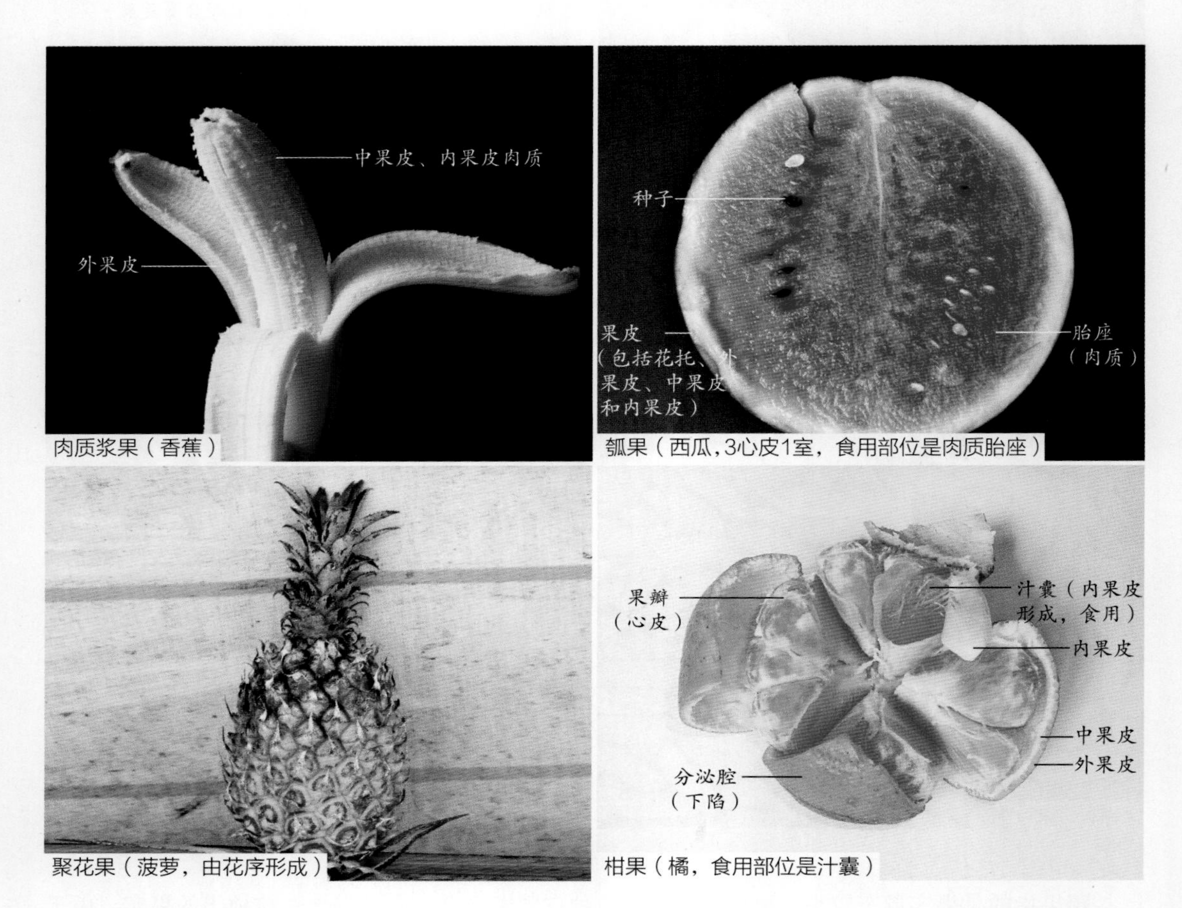

肉质浆果（香蕉）
瓠果（西瓜，3心皮1室，食用部位是肉质胎座）
聚花果（菠萝，由花序形成）
柑果（橘，食用部位是汁囊）

3. 种子（seed）

种子（seed）是被子植物的繁殖器官之一，由胚珠发育形成。

（1）种子的结构

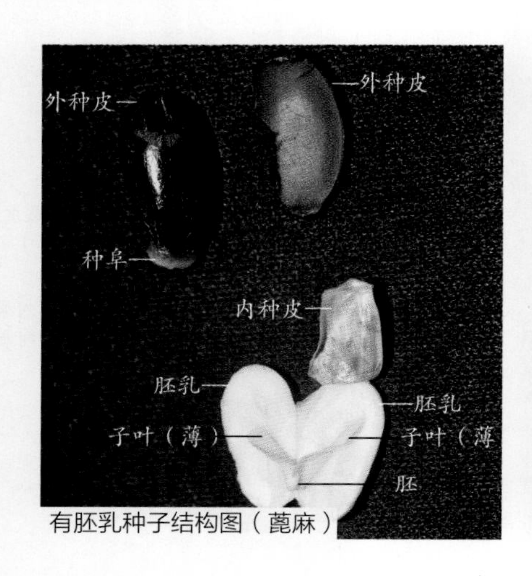

有胚乳种子结构图（蓖麻）

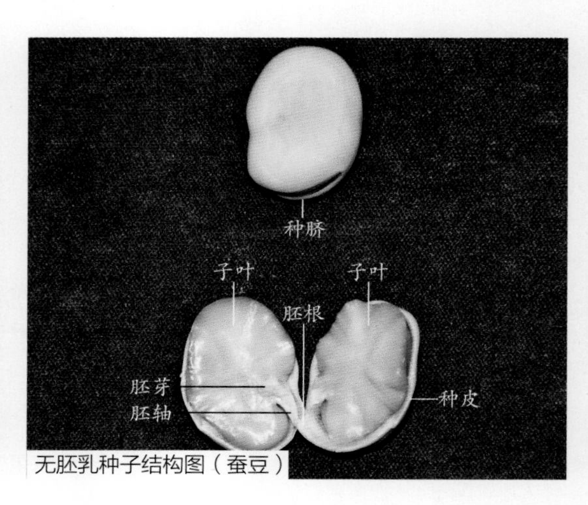

无胚乳种子结构图（蚕豆）

（2）种子的形态

相思子　黄豆　绿豆　花生　红小豆　松树种子

2

第二章

蕨类植物

蕨类植物（Pteridphyta）也称羊齿植物（fern），是一个具有根、茎、叶分化，通过孢子囊产生孢子进行繁殖的高等植物类群，绝大多数为草本植物。全世界的现代蕨类植物有 10 000～12 000 种。我国约有 2 600 种，隶属于 63 科 230 属。蕨类植物的根除少数原始的种类仅具假根外，均为吸收能力较好的不定根。蕨类植物的茎通常为根状茎。蕨类植物的叶根据大小可分为大型叶和小型叶，根据功能可分为营养叶和孢子叶。蕨类植物没有花的结构，因此繁殖是通过孢子囊中的孢子母细胞经过减数分裂产生孢子来完成的。孢子囊可集合成孢子囊群，也可以集合形成孢子囊穗。

本章按照我国著名蕨类植物分类学家秦仁昌教授 1978 年分类系统排列，科名前面的“Px”表示这个科在该系统中的排列序号，如“P4 卷柏科”表示卷柏科在该系统中排在第 4 的位置，以此类推。

肾蕨

Nephrolepis cordifolia (L.) C. Presl

识别要点

草本，具球状块茎，其上密被鳞片。叶簇生，叶片线状披针形或狭披针形，一回羽状复叶，羽片 40 ~ 80 对。孢子囊群成 1 行排列在主脉两侧，孢子囊群盖呈肾形，肾蕨因此而得名。

其他用途

植株和块茎入药，清热利湿，宁肺止咳，常用于治疗感冒发热、咳嗽、痢疾、急性肠炎等。

肾蕨植株　肾蕨植株

肾蕨植株　肾蕨球状块茎

肾蕨一回羽状复叶　肾蕨叶背面上的孢子囊群

二歧鹿角蕨

Platycerium bifurcatum (Cav.) C. Chr.

别名：蝙蝠蕨

识别要点

叶二型，一种为“裸叶”（不育叶），呈圆盾状，可收集附近的昆虫尸体、落叶、雨水等，以作为本身养分；另一种为“实叶”（孢子叶、能育叶），刚长出来时呈直立状，稍长后会下垂，孢子囊群褐色，生于“实叶”先端背面。“实叶”因形似鹿角，鹿角蕨因此而得名。

其他用途

不仅适用于室外绿化，也适用于点缀客厅、窗台、书房。

二歧鹿角蕨植株

二岐鹿角蕨植株

二歧鹿角蕨植株

二歧鹿角蕨孢子叶（示孢子囊群着生位置）

3

第三章 裸子植物

裸子植物（Gymnosperm）无真正花的结构，是能产生种子的高等植物类群，全世界约有 850 种，隶属于 15 科 79 属，我国有 10 科 34 属约 250 种。由于其胚珠没有子房（雌蕊由柱头、花柱和子房组成）保护而裸露，“裸子植物”因此而得名。

裸子植物绝大多数为单轴分枝的高大乔木，具有强大的根系。叶通常呈针形、条形或鳞形，极少为阔叶。裸子植物没有真正的花，只有小孢子叶球（雄球花）和大孢子叶球（雌球花）。繁殖是通过小孢子叶球产生的精子和大孢子叶球产生的卵细胞受精，由胚珠形成的种子来完成的。

本章按照我国著名裸子植物分类学家郑万钧教授 1978 年分类系统排列，科名前面的“G*x*”表示这个科在该系统中的排列序号，如“G1 苏铁科”表示苏铁科在该系统中排在第 1 的位置，以此类推。

苏铁

Cycas revoluta Thunb.

别名：铁树

识别要点

乔木，一回羽状复叶，羽片条形，长 0.5 ~ 2.0 cm，厚革质而坚硬。雌雄异株，雄球花（小孢子叶球）圆柱形；雌球花（大孢子叶球）扁球形。种子红褐色或橘红色。

其他用途

种子含油和丰富的淀粉，可食，有止咳和止血功能，也可治痢疾。但种子和茎顶部树心有毒，用时要慎重。

苏铁植株　　苏铁植株

苏铁小孢子叶球　　苏铁雄球花（小孢子叶球）

苏铁雌球花（大孢子叶球，示大孢子叶和种子）　　苏铁大孢子叶

异叶南洋杉

Araucaria heterophylla (Salisb.) Franco

别名：诺和克南洋杉

识别要点

乔木，树冠尖塔形，叶二型；幼枝叶锥状、针状、镰状或三角状；成年枝叶卵形，三角状卵形或三角状。

容易混淆的植物：南洋杉 *Araucaria cunninghamii* Sweet

名称	树冠	叶形	苞鳞
异叶南洋杉	塔形	锥形	先端具上弯的三角状尖头
南洋杉	幼年尖塔形，老年成平顶状	卵形、三角状卵形和三角状钻形	先端具向外反曲的长尾状尖头

异叶南洋杉植株

异叶南洋杉植株

异叶南洋杉植株

异叶南洋杉植株

异叶南洋杉植株

异叶南洋杉幼年枝（示叶形）

异叶南洋杉成年枝（示叶形）

落羽杉

Taxodium distichum (L.) Rich.

识别要点

落叶乔木，基部常膨大，具膝状呼吸根，叶线形或条形，互生在小枝上。

其他用途

木材材质轻软，纹理细致，易于加工，耐腐朽，可作建筑、家具等用材。

落羽杉植株　落羽杉植株（示落叶期）　落羽杉呼吸根　落羽杉枝条

容易混淆的植物：水杉 *Metasequoia glyptostroboides* Hu et Cheng

落羽杉：叶条形互生；水杉：叶条形对生。

落羽杉枝条　水杉枝条

龙柏

Sabina chinensis (L.) Ant. ‘Kaizuca’

识别要点

乔木，树冠圆柱状。叶鳞形，绿色，沿枝条紧密排列成十字对生。花（孢子叶球）单性，雌雄异株。枝条长大时会呈螺旋伸展，向上盘曲，好像盘龙姿态，故名“龙柏”。

其他用途

除自然生长成塔形外，根据设计意图，可创造出各种形体，如将其攀揉盘扎成龙、马、狮、鹿、象等动物形象。

龙柏植株

龙柏植株

龙柏植株

龙柏植株

龙柏枝条（示叶形和大孢子叶球）

龙柏球果

罗汉松

Podocarpus macrophyllus D. Don

识别要点

乔木，多雌雄异株，叶条状披针形。雄球花穗状，雌球花单生。种子黑色，生于膨大的红色种托上，形似罗汉，罗汉松因此而得名。

其他用途

材质细致均匀，易加工，可作家具、文具及农具等用。

容易混淆的植物：小叶罗汉松 *Podocarpus brevifolius* (Stapf) Foxw.

罗汉松：叶散生枝条上，长 7 ~ 12 cm；

小叶罗汉松：叶集生枝顶或上部，长 1.5 ~ 4 cm。

罗汉松植株　罗汉松植株　罗汉松植株　罗汉松植株　罗汉松枝条　罗汉松种子和种托

4

第四章
被子植物

被子植物（Angiosperm）因其胚珠被子房包被而得名，是地球上种类最多、分布最广的一个植物类群，我国有 2 700 多个属，约 3 万种，被子植物有以下共同特征：

（1）植物体（孢子体）高度发达和分化；

（2）具有真正的花，美丽的花朵、诱人的芳香为异花传粉提供了充分保障；

（3）具有雌蕊（柱头、花柱和子房），胚珠受到了子房的保护，避免了昆虫的咬噬和水分的丧失，子房受精后发育成为果实，对于保护种子的成熟，帮助种子散布起着重要作用；

（4）具有双受精现象，3N 的胚乳具有更强的生活力。

本章排列采用 1926 年哈钦松（J. Hutchinson）分类系统。

被子植物重要科野外识别要点

木兰科： 乔木或灌木，单叶互生，具托叶痕或托叶环痕，无乳汁。雄蕊多数（离生），雌蕊多数（离生），螺旋状着生在隆起的柱状花托上。同被花多轮，聚合果。

樟科： 单叶互生，大多数种类揉之有芳香气味。多数种类具离基三出脉。花3基数，花药瓣裂。

桃金娘科： 乔木或灌木，多数叶具气味，有些种类（如蒲桃属）具明显的边脉。雄蕊多数，发达，具花盘。子房下位。

木棉科： 乔木，掌状复叶，花红色、粉红色、深红色或白色，多体雄蕊或单体雄蕊，种皮纤维发达，呈白色。

大戟科： 单叶互生，多具乳汁。有些种类叶柄顶端具明显的腺体。单性花，蒴果（由3心皮组成，简称三室果）。

锦葵科： 单叶互生，韧皮纤维发达（树皮柔韧性极强）。常具副萼，花大，单生，单体雄蕊。

含羞草科： 灌木或乔木，二回或三回羽状复叶。头状花序，雄蕊花丝发达，深红色或粉红色、白色。荚果。

苏木科： 单叶或一回、二回羽状复叶，花瓣5，红色、黄色或白色。略两侧对称。荚果。

蝶形花科： 蝶形花冠（旗瓣1、翼瓣2、龙骨瓣2），二体雄蕊或单体雄蕊，荚果。

桑科： 多为乔木或丛生小乔木（少数种类为藤本），大多数种类具发达的下垂气生根（榕属）。单叶互生，具托叶环痕，具丰富乳汁，白色。

夹竹桃科： 多为单叶对生或轮生，具白色乳汁或透明液质。

紫葳科： 羽状复叶或三出复叶，总叶柄对生。

茜草科： 单叶对生，具柄间托叶，少数呈鞘状，包被在茎上。

菊科： 草本，头状花序（带总苞），由舌状花或管状花（筒状花）组成，分3个类型：① 全部由舌状花组成；② 全部由管状花（筒状花）组成；③ 既有舌状花也有管状花（筒状花）组成。

爵床科： 单叶对生，大多数种节膨大。

马鞭草科： 茎多四方形，单叶对生，叶面常皱褶。有些种类揉之有臭味。

唇形科： 草本，四方茎，叶对生，揉之有芳香气味。唇形花冠，二强雄蕊。

棕榈科： 多为单干高耸挺直的乔木状植物，也有丛生型小乔木或灌木。环状叶痕明显或不明显，一回羽状复叶（明状深裂）或掌状复叶（掌状深裂），常环抱茎顶，形成特有的棕榈型树冠。

百合科： 草本，花被2轮，每轮3片，雄蕊2轮，每轮3枚，雌蕊1枚，3心皮组成，俗称“5轮3数”。

天南星科： 草本或藤本，肉穗花序（佛焰花序）。

兰科： 多年生草本，单叶互生。穗状花序或总状花序。花色艳丽，唇瓣变异大，雄蕊和雌蕊合生，形成特有的“合蕊柱”结构。

荷花玉兰

Magnolia grandiflora L.

别名：广玉兰、洋玉兰

识别要点

乔木单叶互生，具托叶环痕，叶大，厚革质，表面光亮，背具绣色绒毛。花大，单生，花被片洁白，形似荷花。离生雌蕊。聚合果。

其他用途

耐烟尘，对 SO_2、Cl_2、HF 等有毒气体抗性较强；叶、幼枝和花可提取芳香油；花制浸膏用；叶入药治高血压。

荷花玉兰植株　荷花玉兰植株　荷花玉兰植株　荷花玉兰枝条　荷花玉兰花　荷花玉兰花

二乔木兰

Magnolia soulangeana Soul.-Bod.

别名：二乔玉兰

识别要点

乔木，小枝紫褐色。单叶互生，具托叶环痕，叶倒卵形或宽倒卵形，叶尖短尖。先花后叶，花大而芳香，花被片 6，外面呈淡紫红色，内面白色。二乔木兰为玉兰（*M. denudata* Desr.）和紫玉兰（*M. liliiflora* Desr.）的杂交种，再生能力强。

其他用途

材质优良，纹理直，结构细，供家具、图板等用；花蕾可治风寒、感冒、鼻塞；花可提取配制香精或制浸膏；花被片可熏茶。

二乔木兰植株（示叶前开花）

二乔木兰植株（示叶前开花）

二乔木兰花枝

二乔木兰花

二乔木兰枝条

二乔木兰枝条

白兰

Michelia alba DC.

别名：缅桂花、白兰花

识别要点

单叶互生，具托叶环痕，延伸到叶柄上的托叶痕长度不超过叶柄总长度的 1/2。同被花，单生叶腋，白色，芳香，雌雄蕊多数，螺旋状排列在隆起的柱状花托上。

其他用途

对 SO_2、Cl_2 等有毒气体比较敏感，抗性差。花可提取香精或熏茶，也可提制浸膏供药用，有行气化浊、治咳嗽等功效。

白兰植株　白兰植株　白兰植株　白兰枝条　白兰枝条（示托叶环痕和叶柄上的托叶痕）　白兰花

黄兰

Michelia champaca L.

别名：黄玉兰、黄缅桂

识别要点

乔木，单叶互生，具托叶环痕，延伸到叶柄上的托叶痕长度超过叶柄总长度的 1/2。花被片黄色。

其他用途

对有毒气体抗性较强。花可提取芳香油或熏茶，也可浸膏入药；叶可蒸油，供调制香料用。木材轻软，材质优良，为造船、家具的珍贵用材。

黄兰植株

黄兰植株

黄兰枝条

黄兰枝条（示叶柄上托叶痕）

黄兰花

黄兰花

白兰和黄兰的主要区别

名称	叶柄上托叶痕的长度	花被片颜色	枝条
白兰	延伸到叶柄上的托叶痕长度不超过叶柄总长度的 1/2	白色	光滑
黄兰	延伸到叶柄上的托叶痕长度超过叶柄总长度的 1/2	黄色	具毛

白兰枝条　黄兰枝条

白兰叶柄上托叶痕　黄兰叶柄上托叶痕

白兰花　黄兰花

樟树

Cinnamomum camphora (L.) J. Presl

别名：香樟

识别要点

乔木，树皮纵裂，单叶互生，卵形或卵状椭圆形，揉之有香气。离基三出脉，脉腋具腺体。

其他用途

木材及根、枝、叶可提取樟脑和樟油，供医药及香料。根、木材、树皮、叶及果有祛风散寒、理气活气、止痛止痒、强心镇痉和杀虫等功效。

樟树植株　樟树植株　樟树植株　樟树枝条　樟树主茎（示纵裂的树皮）　樟树花　樟树果

阴香

Cinnamomum burmannii (C. G. et Th. Nees) Bl.

识别要点

乔木，树皮无纵裂，单叶互生，揉之有香气。离基三出脉，脉腋无腺体。

其他用途

对 Cl_2 和 SO_2 有较强的抗性；树皮、叶、根均可提制芳香油；叶味辛，气香，能祛风。

阴香植株　阴香植株

阴香植株　阴香叶形（示离基三出脉）

阴香枝条（示花序）　阴香花

樟树和阴香的主要区别

名称	腺体	树皮	果实
樟树	叶片上离基三出脉，脉腋有腺体	有纵裂	近球形
阴香	叶片上离基三出脉，脉腋无腺体	无纵裂	椭圆形

樟树

阴香

樟树主茎（示树皮有纵裂）

阴香主茎（示树皮无纵裂）

樟树果

阴香果

大花紫薇

Lagerstroemia speciosa (L.) Pers.

别名：大叶紫薇

识别要点

落叶大乔木，单叶互生或近对生，椭圆形或卵状椭圆形，长 10 ~ 25 cm，宽 6 ~ 12 cm，叶柄短，弯曲。落叶前，叶呈紫红色，非常美丽。花大，花瓣皱褶，粉红色。

其他用途

木材坚硬，耐腐力强，色红而亮，常用于家具、桥梁、电杆、枕木及建筑等，也可作水中用材。树皮及叶可作泻药，种子具有麻醉性。

大花紫薇植株　大花紫薇植株　大花紫薇枝条　大花紫薇植株（示落叶期）　大花紫薇植株　大花紫薇花

大花紫薇（大叶紫薇）落叶期景观鉴赏

大花紫薇（大叶紫薇）是华南地区为数不多的落叶树种之一。每当春季来临之际，就进入一个叶色变红的落叶期（7～10天，因叶片中的叶绿素分解，液泡中花青素颜色显现所致）。如果遇上降温，则更红。此时此刻，满树通红，像火焰一般，甚为壮观。

大花紫薇植株 大花紫薇植株

大花紫薇植株 大花紫薇植株

大花紫薇植株 大花紫薇植株

垂枝红千层

Callistemon viminalis G. Don ex Loudon

别名：串钱柳、美丽红千层

识别要点

乔木，枝条下垂，嫩枝具白色柔毛，单叶互生，披针形，揉搓有香气。穗状花序红色、下垂。

其他用途

有较强的抗大气污染能力。

垂枝红千层植株　垂枝红千层植株

垂枝红千层植株　垂枝红千层植株

垂枝红千层穗状花序及花　垂枝红千层枝条

容易混淆的植物：美花红千层 *Callistemon citrinus* (Curtis) Skeels

名称	性状	枝条	叶
垂枝红千层	乔木	柔软下垂	条形
美花红千层	灌木	挺拔	披针形

垂枝红千层植株（示乔木）
美花红千层植株（示灌木）
垂枝红千层植株（示枝条下垂）
美花红千层植株（示枝条挺拔）
垂枝红千层枝条（示叶形）
美花红千层枝条（示叶形）

白千层

Melaleuca cajuputi subsp. *cumingiana* (Turcz.) Barlow

别名：脱皮树、千层皮

识别要点

乔木，树皮分离呈特有的片状，单叶互生，叶长披针形，基出 5 脉，具白色柔毛，揉搓有香气。穗状花序白色。

其他用途

树皮、叶供药用，有镇静神经之效；枝叶含芳香油可作防腐剂。树皮易引起火灾，不宜于造林。

白千层植株

白千层植株

白千层植株（示周皮分离）

白千层植株（示花期）

白千层枝条

白千层穗状花序

蒲桃

Syzygium jambos (L.) Alston

别名：水蒲桃

识别要点

乔木，单叶对生，叶柄长 6 ~ 8 mm，叶长卵形至披针形，边脉明显。雄蕊发达，子房下位。浆果黄色。

其他用途

根皮、果可入药。果实可鲜食，还可利用果实独特的香气，与其他原料制成果膏、蜜饯或果酱。果汁经过发酵后，还可酿制高级饮料。

蒲桃植株　蒲桃植株　蒲桃植株　蒲桃枝条　蒲桃花　蒲桃果

洋蒲桃

Syzygium samarangense (Bl.) Merr. et Perry

别名：莲雾

识别要点

乔木，单叶对生，叶柄长 2 ~ 3 mm 或极不明显，叶长椭圆形至椭圆形，边脉明显。雄蕊发达，子房下位。浆果粉红色。

其他用途

果实有润肺、止咳、除痰、凉血、收敛等功能。果实还可以作为菜肴，淡淡甜味中带有苹果般清香，食后齿颊留芳。

洋蒲桃植株　洋蒲桃植株

洋蒲桃枝条　洋蒲桃花枝

洋蒲桃果枝　洋蒲桃果

蒲桃和洋蒲桃的主要区别

名称	叶柄	叶形	果实
蒲桃	叶柄长 6～8 mm	长卵形至披针形	浆果黄色
洋蒲桃	叶柄长 2～3 mm 或不明显	椭圆形或长椭圆形	浆果红色
莲雾	莲雾是洋蒲桃的一个品种，品种的差异往往决定果实的品质。目前市场上，以台湾出产的莲雾果实质量最优		

蒲桃植株　洋蒲桃植株

蒲桃枝条　洋蒲桃枝条

蒲桃果　洋蒲桃果

金蒲桃

Xanthostemon chrysanthus (F. Muell.) Benth.

别名：金黄熊猫、澳洲黄花树、黄金蒲桃

识别要点

常绿小乔木，单叶对生、互生或丛生枝顶，披针形，全缘，革质，叶表光滑，搓揉后有番石榴气味，新叶带有红色。雄蕊花丝发达，子房下位。初开时黄绿色，随后转为黄色，近凋谢时为金黄色。此时满树金黄，极为亮丽、壮观。

注：此页照片由海南海口汪玉瑶提供。

其他用途

木材坚硬，澳大利亚土著人用作剑、矛和挖掘工具。

金蒲桃植株　金蒲桃花枝　金蒲桃花　金蒲桃枝条

黄金香柳

Melaleuca bracteata F. Muell.

别名：千层金

识别要点

乔木，枝条柔软密集，单叶互生，条形，幼叶金黄色，为形态优美的庭园树种，具极高观赏价值。

其他用途

枝叶可提取香精，是高级化妆品原料；也可用作香薰、熬水、沐浴，香气清新，舒筋活络，有良好的保健功效。

黄金香柳植株

黄金香柳植株

黄金香柳植株

黄金香柳植株

黄金香柳植株

黄金香柳植条

柠檬桉

Eucalyptus citriodora Hook. f.

识别要点

乔木，高 10 ~ 30 m。树干光滑洁白，有林中仙女之美誉。叶两型，具柠檬香味；正常叶互生，卵状披针形或狭披针形，长 10 ~ 20 cm，稍呈镰状。异形叶较厚，有时长达 30 cm，宽达 7.5 cm，下面苍白色。

其他用途

叶具强烈的柠檬味，令蚊子、苍蝇等不敢接近，可用来提炼香油或制造香皂。提取的柠檬桉醇具有抗结核作用。

柠檬桉植株　柠檬桉植株

柠檬桉植株　柠檬桉植株

柠檬桉枝条

柠檬桉果实

小叶榄仁树

Terminalia neotaliala Capuron

别名：细叶榄仁、非洲榄仁树

识别要点

落叶乔木，枝干自然分层轮生于主干四周，层层分明有秩序地向上生长。树冠为圆锥形，树形美观，为优美的庭园树。单叶互生或丛生，叶倒卵形，全缘。枝条有长短枝之分，短枝通常整齐地生长在长枝的上方。花小，两性或单性，穗状花序或总状花序。

其他用途

果仁可以食用，也可用来榨油。树皮及果皮可作染料，木材可用于建筑或用来制造器具。

小叶榄仁树植株

小叶榄仁树植株

小叶榄仁树植株

小叶榄仁树植株

小叶榄仁树植株

小叶榄仁树枝条

毛果杜英

Elaeocarpus rugosus Roxb.

识别要点

乔木，层层轮生的枝条自上而下形成塔形树冠，单叶簇生，叶革质，倒卵状披针形或倒卵形，长 11 ~ 30 cm。花瓣白色，倒披针形，顶端呈撕裂状。核果椭圆形，具毛。

注：尖叶杜英（长芒杜英）学名 *Elaeocarpus apiculatus* Mast. 已并至毛果杜英，作为异名处理。

其他用途

列植能起遮挡和隔音的作用。

毛果杜英植株

毛果杜英植株

毛果杜英植株

毛果杜英花序和花（示无叶状苞片）

毛果杜英花

毛果杜英果

水石榕

Elaeocarpus hainanensis Oliver

别名：海南杜英

识别要点

乔木，层层轮生的枝条自下而上形成塔形树冠。单叶簇生，叶革质，狭倒披针形，长 7 ~ 15 cm。有长、短枝之分，通常短枝有规律地生长在长枝的上方，花下垂生长，具叶状苞片，花瓣白色，顶端呈撕裂状。

其他用途

果形如橄榄，据记载可食。

水石榕植株

水石榕植株

水石榕枝条（示长枝和短枝）

水石榕枝条（示狭倒披针形叶）

水石榕花序和花（示具叶状苞片）

水石榕花

木棉

Bombax ceiba L.

别名：红棉

识别要点

乔木，掌状复叶，花红色，多体雄蕊，木棉纤维（种皮纤维）白色发达。

其他用途

花晒干后，可治泄泻、痢疾、血崩、疮毒。纤维被誉为“植物软黄金”，是目前天然纤维中较细、较轻、中空度较高、较保暖的纤维材料。

木棉植株　木棉植株
木棉果（示果皮、种子和发达的种皮纤维）
木棉花　木棉枝条

美丽异木棉

Ceiba speciosa (A. St.-Hil.) Ravenna

别名：美人树、非洲木棉、美洲木棉

识别要点

乔木，树冠伞形，成年树主茎呈酒瓶状；掌状复叶，小叶 5 ~ 9 片，小叶柄长 0.5 ~ 1 cm，花粉红色、深红色或者黄红色相间排列，单体雄蕊。蒴果，具丰富的白色果实纤维。

其他用途

絮状种皮纤维柔软性、保暖性强，可以用它填充枕头。

美丽异木棉植株　美丽异木棉植株

美丽异木棉植株　美丽异木棉植株

美丽异木棉枝条（示叶形）　美丽异木棉花

白花异木棉

Ceiba insignis (Kunth) P. E. Gibbs et Semir

识别要点

特征同美丽异木棉，主要区别为花白色。

其他用途

同美丽异木棉。

白花异木棉植株　白花异木棉植株

白花异木棉植株　白花异木棉植株

白花异木棉枝条　白花异木棉花

木棉、美丽异木棉和白花异木棉三者之间的主要区别

名称	木棉	美丽异木棉	白花异木棉
主茎	呈圆柱状，具刺	呈酒瓶状，具刺	呈酒瓶状，具刺
叶型	小叶柄 1.5 ~ 4 cm	小叶柄 0.5 ~ 1 cm	小叶柄 0.5 ~ 1 cm
花	深红色	粉红或黄红色相间排列	白色
雄蕊	多体雄蕊	单体雄蕊	单体雄蕊

木棉主茎　美丽异木棉主茎　白花异木棉主茎

木棉掌状复叶　美丽异木棉、白花异木棉掌状复叶

木棉花　美丽异木棉花　白花异木棉花

秋枫

Bischofia javanica Bl.

识别要点

乔木，树皮光滑，褐红色；三出复叶，小叶卵形，具短尾尖。

其他用途

根有祛风消肿作用，叶可作绿肥，也可治无名肿毒。

容易混淆的植物：重阳木　*Bischofia polycarpa* (Lévl.) Airy Shaw

名称	性状	树皮	叶基	叶尖	叶缘
秋枫	常绿乔木	褐红色，光滑	宽楔形或钝	短尾尖	锯齿较疏，每 1 cm 有 2～3 个细齿
重阳木	落叶乔木	棕褐或黑褐色，开裂	圆或浅心形	突尖或短渐尖	锯齿较密，每 1 cm 有 4～5 个细齿

秋枫植株　秋枫植株　秋枫植株　秋枫植株　秋枫枝条

乌桕

Triadica sebifera (L.) Small

识别要点

乔木，单叶互生，具乳汁，叶菱形，具尾尖，叶柄顶端具 2 个腺体。花序下垂。蒴果球形。

注意事项

喜温暖和光照，忌秋雨，以长江、乌江及金沙江河谷地带为主。

乌桕植株　乌桕枝条（示叶形）　乌桕叶形和穗状花序　乌桕果实和叶柄（示顶端腺体）

容易混淆的植物：山乌桕　*Triadica cochinchinensis* Lour.

名称	叶形	叶柄	花序
乌桕	菱形	顶端具 2 枚腺体	下垂
山乌桕	长卵形	顶端具 2 枚腺体，幼叶红色	直立

乌桕枝条（示菱形叶）　山乌桕枝条（示长卵形叶）

石栗

Aleurites moluccana (L.) Willd.

识别要点

乔木，单叶互生，叶大，长 10 ~ 20 cm。卵形至阔披针形，或近圆形，两面被锈色星状短柔毛。不分裂或 3 ~ 5 浅裂。叶柄顶端具 2 枚腺体。

其他用途

果实油可作油漆、肥皂、蜡烛等工业原料，还可用作提取生物柴油。

石栗植株　石栗植株

石栗植株　石栗枝条（示叶形）

石栗叶（示腺体）　石栗枝条（示花序）

红花羊蹄甲

Bauhinia × *blakeana* Dunn

别名：紫荆、香港紫荆花

识别要点

乔木，单叶互生，形近圆形或阔心形，顶端2裂达叶片长度的1/4～1/3，裂片顶端钝圆。总状花序，花瓣5片，深红色，能育雄蕊5枚。不结果。

其他用途

叶耐烟尘，树皮含单宁，可用作鞣料和染料，树根、树皮和花朵都可以入药。

红花羊蹄甲植株　红花羊蹄甲植株　红花羊蹄甲植株　红花羊蹄甲叶片　红花羊蹄甲花序和花　红花羊蹄甲花

羊蹄甲

Bauhinia purpurea DC. ex Walp.

识别要点

乔木，单叶互生，近圆形，顶端2分裂达叶片长度的1/3～1/2，裂片顶端钝圆，边缘有一定的弧度。叶基具2枚近长卵形的腺体。花瓣5，淡红色。结果（荚果）。

其他用途

同红花羊蹄甲。

羊蹄甲植株　羊蹄甲植株　羊蹄甲植株　羊蹄甲花　羊蹄甲叶片　羊蹄甲果枝

洋紫荆

Bauhinia variegata L.

别名：宫粉羊蹄甲

识别要点

乔木，单叶互生，阔卵形至近圆形，顶端 2 分裂达叶片长度的 1/3，裂片顶端圆。叶基具 2 枚不明显的腺体。花瓣 5，淡红色。荚果。

其他用途

木材坚硬，可作农具；树皮含单宁；根皮用水煎服可治消化不良；花芽、嫩叶和幼果可食。

洋紫荆植株　洋紫荆植株（王首农摄）

洋紫荆植株　洋紫荆花

洋紫荆叶片　洋紫荆荚果

白花洋紫荆

Bauhinia variegata L. var. *candida* (Roxb.) Voigt.

识别要点

白花洋紫荆是洋紫荆的一个变种，基本特征同洋紫荆，主要区别是洋紫荆花瓣是淡红色，白花洋紫荆为白色。

白花洋紫荆植株　白花洋紫荆植株　白花洋紫荆植株　白花洋紫荆花

白花羊蹄甲

Bauhinia acuminata Bruce

识别要点

小乔木，单叶互生，卵圆形或近圆形，叶尖 2 裂达叶片长度的 1/3～2/3，裂片顶端急尖或稍渐尖。花瓣 5，倒卵状长圆形，洁白。结果。能育雄蕊 10 枚。

白花羊蹄甲枝条（示叶形）　白花羊蹄甲花

几种羊蹄甲的主要区别

名称	叶	花瓣颜色	发育雄蕊数目	果实
红花羊蹄甲	叶裂达叶片长度的 1/4～1/3，叶长 8.5～13 cm	深红色	5 枚	不结果
羊蹄甲	叶裂达叶片长度的 1/3～1/2，叶长 10～15 cm	淡红色	3 枚	结果
洋紫荆	叶裂达叶片长度的 1/3。叶长 5～9 cm	淡红色	5 枚	结果
白花洋紫荆	同上	白色	5 枚	结果
白花羊蹄甲	叶裂达叶片长度的 1/3～2/3，裂片顶端稍渐尖，边缘整齐	花瓣倒卵状，长圆形，白色	10 枚	结果

红花羊蹄甲叶形　羊蹄甲叶形　洋紫荆叶形

红花羊蹄甲花　羊蹄甲花　洋紫荆花

白花洋紫荆花　白花羊蹄甲花

凤凰木

Delonix regia (Hook.) Raf.

别名：凤凰树、火树

识别要点

落叶大乔木，分枝多而开展，形成广阔伞形树冠。二回羽状复叶，托叶羽状。总状花序伞房状，花瓣 5，红色艳丽。

其他用途

树皮可平肝潜阳，解热，治眩晕、心烦不宁；根治风湿痛。花和种子有毒，小孩误食后有头晕、流涎、腹胀、腹痛、腹泻等症状。

凤凰木植株　凤凰木植株

凤凰木植株　凤凰木花

凤凰木二回羽状复叶　凤凰木羽状托叶

黄槐

Senna surattensis (Burm. f.) H. S. Irwin et Barneby

别名：豆槐

识别要点

乔木，一回羽状复叶，小叶片 7～9 对，长椭圆形或卵形，叶柄及最下 2～3 对小叶间的叶轴上有 2～3 个棍棒状腺体；总状花序，花瓣 5，黄色艳丽。能育雄蕊 10 枚，荚果扁平。

其他用途

叶清凉解毒，润肺。种子能润肠通利大便，排积滞，泻下导滞。

黄槐植株　黄槐植株　黄槐植株　黄槐植株　黄槐枝条（示一回羽状复叶）　黄槐花

容易混淆的植物：双荚决明 *Cassia bicapsularis* Linn.

名称	性状	叶	雄蕊	果实
黄槐	乔木	小叶片 7～9 对	能育雄蕊 10 枚	荚果扁平
双荚决明	灌木	小叶片 4～5 对	能育雄蕊 2 枚	荚果圆柱状

黄槐枝条　双荚决明枝条
黄槐花　双荚决明花
黄槐荚果　双荚决明荚果

腊肠树

Cassia fistula Linn.

别名：阿勃勒、长果子树、猪肠豆

识别要点

落叶乔木，高达 2 cm；小叶 3～4 对，长椭圆形至椭圆形，侧脉较细。总状花序下垂。花黄色，花瓣 5 枚离生，大小略等，雄蕊 10 枚，花丝黄色弯成钩状，其中有 3 枚特长、4 枚中等，而另 3 枚较短为不孕性花药（退化）。荚果棍棒状，不开裂，一年成熟，由绿转黑褐色，形似腊肠。“腊肠树”因此而得名。

其他用途

木材坚重，耐朽力强，光泽艳丽，可作支柱、桥梁、车辆、农具等用材。根、树皮、果瓤和种子可入药作缓泻剂。

腊肠树植株　腊肠树植株

腊肠树一回羽状复叶（示小叶片）　腊肠树小叶片

腊肠树花　腊肠树果实（示形似腊肠）

刺桐

Erythrina variegata Linn.

识别要点

乔木，枝具黑色圆锥状刺，二三年后即脱落。三出羽状复叶；小叶菱状卵形或宽卵形，长 15 ~ 20 cm，顶端小叶宽大于长。总状花序，花冠蝶形，大红色，旗瓣长 5 ~ 6 cm。二体雄蕊，盛开时多长于旗瓣。

其他用途

树皮或根皮入药，称海桐皮，有祛风湿，舒筋通络功效，可治风湿麻木、腰腿筋骨疼痛、跌打损伤，对横纹肌有松弛作用，对中枢神经有镇静作用。

刺桐植株　刺桐植株　刺桐植株　刺桐总状花序　刺桐枝条　刺桐蝶形花冠

龙牙花

Erythrina corallodendron L.

别名：象牙红

识别要点

小乔木或灌木，高可达 4 m。枝上有刺。三出羽状复叶，叶柄和小叶中脉上有刺；顶生小叶比侧生小叶大，菱状卵形，长 5～10 cm。总状花先叶开放，或与叶同时开放；蝶形花冠，红色，旗瓣椭圆形，长 4.5～6 cm；雄蕊 10。二体雄蕊，盛开时短于或等于旗瓣。

其他用途

材质柔软，可代软木作木栓。树皮可用作麻醉剂和止痛镇静剂。

龙牙花植株　龙牙花植株

龙牙花枝条　龙牙花花序

龙牙花总状花序　龙牙花花冠

鸡冠刺桐

Erythrina crista×galli Linn.

别名：巴西刺桐、鸡冠豆

识别要点

半落叶小乔木。株高 2 ~ 4 m。三出羽状复叶，小叶卵状长圆形或长圆状披针形，长 10 ~ 12 cm。总状花序，蝶形花冠，橙红色，旗瓣倒卵形特化成匙状，与龙骨瓣等长，宽而直立，翼瓣发育不完全。二体雄蕊。

其他用途

根部与外皮可以入药，能够有效地抵抗细菌，对一些细菌引起的常见疾病都有很好的治疗效果。

鸡冠刺桐植株　鸡冠刺桐植株　鸡冠刺桐植株　鸡冠刺桐植株　鸡冠刺桐枝条　鸡冠刺桐蝶形花冠

刺桐、龙牙花和鸡冠刺桐三者之间的主要区别

名称	刺桐	龙牙花	鸡冠刺桐
叶形及长度	菱状卵形，5 ~ 20 cm	菱状卵形，5 ~ 10 cm	卵状长圆形，10 ~ 12 cm
雄蕊	二体，长于旗瓣	二体，短于或等于旗瓣	二体，短于或等于旗瓣
龙骨瓣	不发达	不发达	发达
总状花序	排列紧密	排列疏松	排列疏松

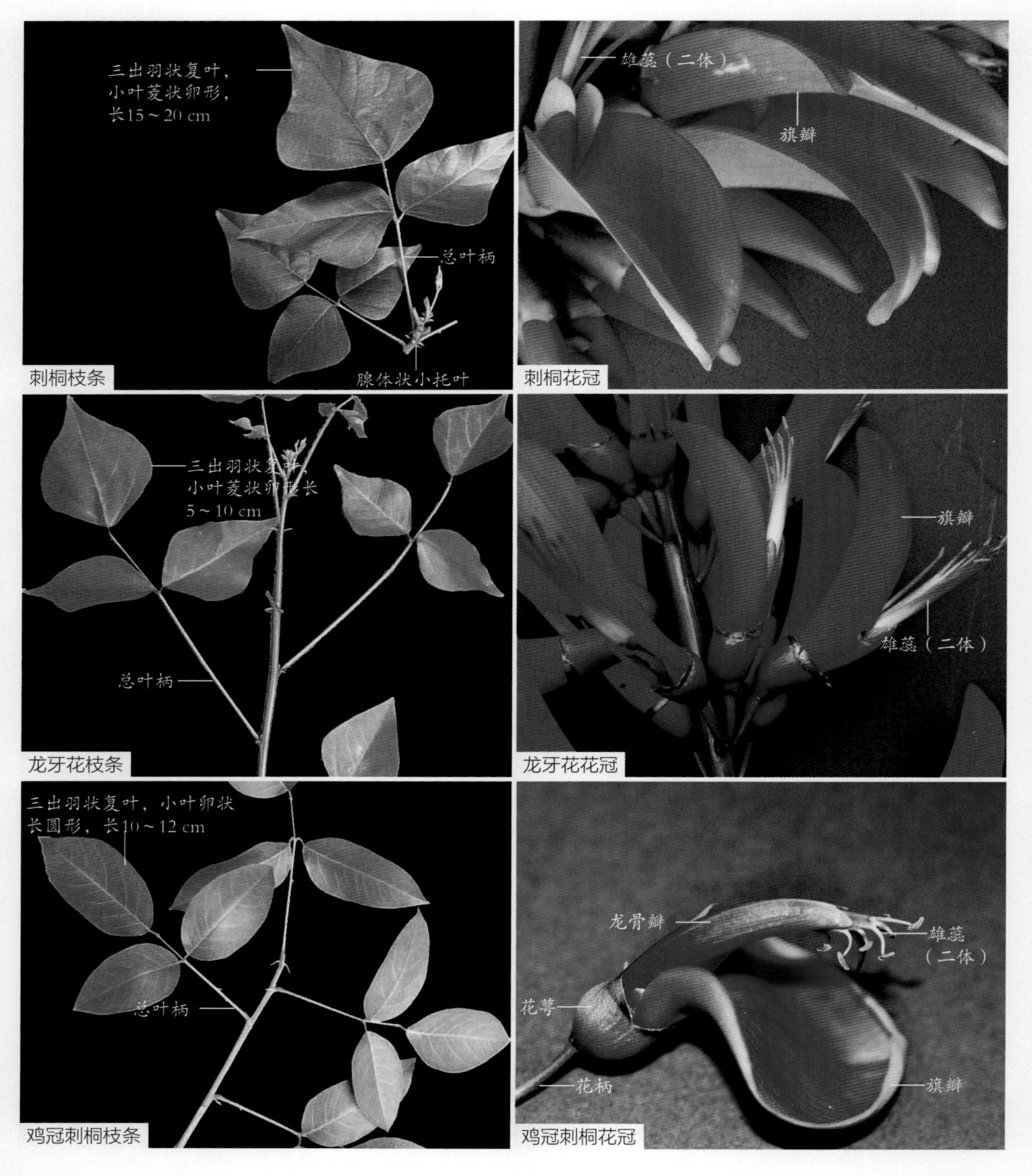

刺桐枝条　刺桐花冠

龙牙花枝条　龙牙花花冠

鸡冠刺桐枝条　鸡冠刺桐花冠

榕树

Ficus microcarpa L. f.

别名：小叶榕、细叶榕

识别要点

乔木，具发达的下垂气生根。单叶互生，具托叶环痕和乳汁。叶革质，椭圆形或卵状椭圆形，叶面深绿色，有光泽，无毛。隐头花序腋生，成熟时，会由绿色变成红色。

其他用途

树皮纤维可制渔网和人造棉。气生根、树皮和叶芽作清热解表药。

榕树植株 榕树植株 榕树植株 榕树植株 榕树植株 榕树枝条

黄叶榕

Ficus microcarpa 'Golden leaves'

别名：黄金榕

识别要点

黄金榕是小叶榕的一个品种，因此基本特征同小叶榕，主要区别是黄金榕的叶为金黄色。

其他用途

幼树可曲茎、提根靠接，做多种造型，制成艺术盆景。老蔸可修整成古老苍劲的桩景，是园艺造景中用途最多树种之一。

黄叶榕植株　黄叶榕植株　黄叶榕植株　黄叶榕植株　黄叶榕植株　黄叶榕枝条

大叶榕

Ficus virens Aiton

别名：黄葛树

识别要点

乔木，树皮通常黑色，气生根不发达。单叶互生，具托叶环痕和乳汁。叶长卵形或近披针形，基出三脉，下面凸起而明显。叶薄革质或厚纸质，椭圆形或卵状椭圆形，叶面深绿色。隐头花序腋生，成熟时红色。

其他用途

木材质轻软，纹理美而粗，可作器具、农具等用材；茎皮纤维可代黄麻，编绳。根、叶入药。

大叶榕植株　大叶榕植株

大叶榕植株　大叶榕植株

大叶榕枝条（正面观）　大叶榕植株（背面观）

大叶榕（黄葛树）落叶期景观鉴赏

大叶榕（黄葛树）是华南为数不多的落叶树种之一。每当春季来临之际，就进入一个叶色变黄的落叶期（7～10 天，因叶片中的叶绿素分解，胡萝卜素、叶黄素颜色显现所致），如果遇上降温，则更黄。此时此刻，树上树下一片金黄，让人心旷神怡，甚为壮观。以下照片由华南师范大学教信学院王首农教授提供。

大叶榕（黄葛树）植株

大叶榕（黄葛树）植株

大叶榕（黄葛树）植株

大叶榕（黄葛树）植株

大叶榕（黄葛树）植株

大叶榕（黄葛树）植株

高山榕

Ficus altissima Bl.

识别要点

乔木，具发达的气生根，单叶互生，厚革质，浓绿，广卵形至广卵状椭圆形，基出脉 3 ~ 5 条，明显。隐头花序（榕果）成对腋生。成熟时黄色。

其他用途

优良的紫胶虫寄主树。

高山榕植株

高山榕植株（示发达的气生根）

高山榕枝条

高山榕植株

高山榕枝条（示隐头花序，也称榕果）

印度胶榕

Ficus elastica Roxb. ex Hornem.

别名：印度榕、橡皮树

识别要点

乔木，单叶互生，具托叶环痕和白色乳汁，叶厚革质，有光泽，长椭圆形，羽状侧脉多而细，且平行直伸；托叶大，淡红色，包被幼芽。

其他用途

乳汁是制造橡胶产品的重要原料，可治疗风湿痛、闭经、胃痛、疔毒等疾病。

印度胶榕植株　　印度胶榕植株

高山榕和印度胶榕的主要区别

名称	叶	托叶	侧脉
高山榕	不具光泽	小，不发达	粗，不平行
印度胶榕	具光泽	大，发达，淡红色，包被幼芽	纤细，平行

高山榕枝条

印度胶榕枝条

花叶印度胶榕

Ficus elastica 'Doescheri'

别名：花叶胶榕、花叶橡皮树、花叶印度榕

识别要点

花叶印度胶榕是印度胶榕的一个品种，因此基本特征同印度胶榕，区别点是花叶印度胶榕叶片具有金黄色斑纹。

其他用途

同印度胶榕。

花叶印度胶榕植株　花叶印度胶榕植株

花叶印度胶榕植株　花叶印度胶榕植株

花叶印度胶榕植株（示盆栽）　花叶印度胶榕枝条

垂叶榕

Ficus benjamina Linn.

识别要点

乔木，枝条下垂。单叶互生，细叶常黄色，具托叶环痕和乳汁，叶卵形至卵状椭圆形，叶尖尾尖，侧脉多而纤细，平行生长，直达近叶边缘，网结成边脉，两面光滑无毛。榕果成对或单生叶腋，球形或扁球形，光滑，成熟时红色至黄色。

其他用途

叶片能吸收甲醛、甲苯、二甲苯及氨气，净化混浊的空气。气生根、树皮、叶芽和果实有清热解毒、祛风、凉血、滋阴润肺、催乳的功效。

垂叶榕植株

垂叶榕植株

垂叶榕植株

垂叶榕植株

垂叶榕枝条

垂叶榕隐头花序（示榕果）

花叶垂榕

Ficus benjamina 'Variegata'

识别要点

花叶垂榕是垂叶榕的一个品种，基本特征同垂叶榕，区别是花叶垂榕叶片具有白色或黄色的斑纹。

其他用途

同垂叶榕。

花叶垂榕植株　花叶垂榕植株

花叶垂榕植株　花叶垂榕植株

花叶垂榕植株　花叶垂榕枝条

柳叶榕

Ficus binnendijkii Miq.

别名：亚里垂榕、柳叶垂榕

识别要点

乔木，单叶互生，具托叶环痕和乳汁，叶长披针形或者条形，长 5 ~ 13 cm，顶端渐尖，基部楔形至近圆形。全缘背卷，侧脉 7 ~ 17 对。

注：亚里垂榕 *Ficus binnendijkii* 'Alii' 是柳叶榕的一个品种，园艺上通常作为同一个种处理。

其他用途

抗有害气体及烟尘的能力强。

柳叶榕植株　柳叶榕植株

柳叶榕植株　柳叶榕植株

柳叶榕枝条　柳叶榕枝条

菩提榕

Ficus religiosa L.

别名：菩提树

识别要点

乔木，单叶互生，心形或卵圆形，叶尖长尾尖明显，具托叶环痕和乳汁。

菩提榕和佛教的联系：菩提榕一直被佛教视为“圣树”，他们认为佛祖释迦牟尼经过多年修炼，终于有一次在菩提树下静坐了 7 天 7 夜，战胜了各种邪恶诱惑，天将拂晓时，获得大彻大悟，终成佛陀。

其他用途

抗污染能力强。寺院僧人常采其叶经浸泡冲洗处理，用叶脉绘制佛像、做书签。

菩提榕植株　菩提榕植株　菩提榕植株　菩提榕植株　菩提榕枝条　菩提榕叶

金柑

Citrus japonica Thunb.

别名：金橘

识别要点

常绿灌木或小乔木，单叶互生，披针形至矩圆形，叶柄有狭翅，与叶片边缘处有关节。花白色，芳香。柑果椭圆形或卵状椭圆形，金黄色，由3～5个心皮组成，形成3～5个果瓣味酸。

其他用途

果实含有丰富的维生素C、金橘甙等成分，对维护心血管功能、防止血管硬化和高血压等疾病有一定的疗效。

金柑枝条　金柑果枝

金柑枝条　金柑果枝

金柑果　金柑果

四季橘

Fortunella margarita 'Calamondin'

识别要点

基本特征同金柑。

其他用途

同金柑。

四季橘植株

四季橘植株

四季橘植株

四季橘植株

四季橘枝条

金柑和四季橘的主要区别

金柑和四季橘同属芸香科，是华南地区花卉市场上深受喜爱的观果植物，尤其是春节花市，处处可见。金柑和四季橘的茎、叶形态基本相似，主要区别是：

金柑：果实呈椭圆形或卵状椭圆形；

四季橘：果实呈圆形或扁圆形。

朱砂橘

Citrus reticulata 'Zhuhong'

别名：朱红

识别要点

基本特征同金柑，主要区别为朱砂橘果实圆形或扁圆形，两端中央凹陷，顶部最明显，果皮密生下陷的分泌腔。子房由 8 ~ 11 个心皮组成，形成 8 ~ 11 个果瓣，易剥离。味酸。

其他用途

同金柑。

朱砂橘植株　朱砂橘植株

朱砂橘植株　朱砂橘植株

朱砂橘果枝　朱砂橘果

非洲楝

Khaya senegalensis (Desr.) A. Juss.

别名：非洲桃花心木、塞楝

识别要点

乔木，树皮呈鳞片状开裂，一回偶数羽状复叶，小叶叶尖急尖，节间较长。

其他用途

木材可作胶合板的材料；叶可作粗饲料；根可入药。

非洲楝植株　非洲楝植株　非洲楝植株　非洲楝植株　非洲楝枝条（背面观）　非洲楝花序

龙眼

Dimocarpus longan Lour.

别名：桂圆

识别要点

常绿大乔木，一回偶数羽状复叶，小叶（3）4~5（6）对，对生或互生，革质，长圆状椭圆形或长圆状披针形，基部偏斜。果球形，常黄褐色或灰黄色，为特殊类型的核果，食用部分为假种皮（某些种子外覆盖的一层特殊结构，常由珠柄、珠托或胎座发育而成，多为肉质）。

其他用途

木材坚实，甚重，暗红褐色，耐水湿，是造船、家具、细工等的优良用材。假种皮富含维生素和磷质，有益脾，健脑的作用，可入药。

龙眼植株　龙眼果枝　龙眼果枝　龙眼果实　龙眼枝条（正面观，示一回羽状复叶）　龙眼枝条（背面观，示一回羽状复叶）

荔枝

Litchi chinensis Sonn.

识别要点

常绿乔木。树皮灰黑色；小枝密生白色皮孔。一回羽状复叶，小叶 2～3（4）对，披针形或卵状披针形或长椭圆状披针形，顶端骤尖或短尾尖，侧脉纤细，上面不明显。果卵圆形至近球形，成熟时通常显暗红色至鲜红色，为特殊类型的核果，食用部分为假种皮（某些种子外覆盖的一层特殊结构，常由珠柄、珠托或胎座发育而成，多为肉质）。

其他用途

木材坚实，纹理雅致，耐腐，历来为上等名材。果实有补脑健身、开胃益脾、促进食欲功效。因性热，多食易上火。

荔枝植株　荔枝花

荔枝果枝　荔枝果实

荔枝枝条(正面观，示一回羽状复叶）　荔枝枝条（背面观，示一回羽状复叶）

龙眼和荔枝的主要区别

名称	小叶片数目	侧脉形态	果实特点
龙眼	小叶通常 4～5 对	侧脉明显	近球形，黄褐色至灰黄色
荔枝	小叶通常 2～3 对	侧脉纤细，不明显	近球形，暗红色至鲜红色

龙眼枝条（正面观）

荔枝枝条(正面观）

龙眼枝条（背面观，示一回羽状复叶）

荔枝枝条（背面观，示一回羽状复叶）

龙眼果枝

荔枝果枝

杧果

Mangifera indica L.

别名：芒果

识别要点

乔木，单叶互生，长圆形或长圆状披针形，揉搓有强烈的杧果气味。长 12 ~ 30 cm，叶尖渐尖，叶柄长 2 ~ 6 cm，基部膨大。核果肾形，长 5 ~ 10 cm。

其他用途

木材坚硬，耐海水，宜作舟车或家具等。叶可做清凉饮料，果可制作糖水片、果酱、果汁、蜜饯、脱水杧果片、话杧以及盐渍或酸辣杧果等。

杧果植株　杧果植株

杧果植株　杧果植株

杧果枝条　杧果果实（示肾形）

扁桃

Mangifera persiciformis C. Y. Wu et T. L. Ming.

别名：天桃木

识别要点

乔木，单叶互生，窄披针形，长 11 ~ 20 cm，宽 2 ~ 2.8 cm，叶尖骤尖或短渐尖，边缘皱波状，叶柄长 1.5 ~ 3.5 cm。叶柄基部膨大。核果球形，稍扁，长 5 cm。

其他用途

根系深直，有抗风、抗烟、抗毒功能；对 SO_2 和 Cl_2 的抗性较强，是行道树、庭荫树、绿地和工矿厂区绿化的优良树种。

扁桃植株 扁桃植株 扁桃植株 扁桃枝条 扁桃植株 扁桃果枝

杧果和扁桃的主要区别

名称	叶形	叶片长度 / 叶柄长度	果实特点
杧果	长圆形或长圆状披针形	长 12 ~ 30 cm，宽 3.5 ~ 6 cm，叶柄长 2 ~ 6 cm	核果肾形
扁桃	窄披针形	长 11 ~ 20 cm，宽 2 ~ 2.8 cm，叶柄长 1.5 ~ 3.5 cm	核果球形

杧果植株　扁桃植株
杧果叶　扁桃叶
杧果果（示肾形）　扁桃果（示球形）

人面子

Dracontomelon duperreanum Pierre

识别要点

常绿，乔木，一回奇数羽状复叶，小叶互生，近革质，长圆形，深绿色，先端渐尖，基部常偏斜，全缘。核果，成熟时黄色，内果皮上的花纹似人面。

其他用途

木材致密而有光泽，耐腐力强，适于建筑和家具用材。果实健胃、生津、醒酒、解毒。主治食欲不振、热病口渴、醉酒、咽喉肿痛、风毒疮痒。

人面子植株

人面子植株

人面子植株

人面子枝条(示一回羽状复叶）

人面子枝条

人面子内果皮上人面形的花纹

澳洲鸭脚木

Schefflera actinophylla (Endl.) Harms

识别要点

乔木，掌状复叶，小叶数随树木的年龄而异，幼年时 3～5 片，长大时 5～7 片，至乔木状时可多达 16 片。小叶片椭圆形，顶端钝，有短突尖，叶缘波状，革质，长 20～30 cm，宽 10 cm，叶面浓绿色有光泽。总状花序，花小，紫红色。

其他用途

可庭植或盆栽作室内植物观赏。

澳洲鸭脚木植株　澳洲鸭脚木植株　澳洲鸭脚木植株

澳洲鸭脚木植株　澳洲鸭脚木植株

澳洲鸭脚木花序　澳洲鸭脚木花序

人心果

Manilkara zapota (Linn.) van Royen

识别要点

乔木，全株具丰富的白色乳汁。单叶簇生枝端，革质，浓绿色，有光泽，椭圆形至广披针形，全缘。浆果，外形长得像人的心脏，人心果因而得名。人心果形状因品种而异，除了心脏形外，还有椭圆形、圆形、卵形等；果皮薄，灰色或锈褐色。浆果核果状，果肉黄褐色。

其他用途

果可食，味甜可口；树干的乳汁为口香糖原料；树皮含植物碱，可治热症。

人心果植株　人心果植株

人心果枝条　人心果果枝

人心果果实　人心果果实

红鸡蛋花

Plumeria rubra Linn.

识别要点

落叶小乔木，枝条肥厚，具乳汁。单叶互生，常簇生于枝顶，倒披针形。侧脉发达，近平行横出，边脉明显。花红色。

其他用途

花可提取香精，木材质轻而软，可制乐器、餐具或家具；花可治肺热咳喘、肝炎、消化不良、痢疾、感冒发热；树皮可治痢疾、感冒高热、哮喘。

红鸡蛋花植株　红鸡蛋花植株　红鸡蛋花植株　红鸡蛋花叶　红鸡蛋花花　红鸡蛋花果

鸡蛋花

Plumeria rubra 'Acutifolia'

识别要点

鸡蛋花是红鸡蛋花的一个品种，基本特征同红鸡蛋花，主要区别是鸡蛋花的花为乳白色，中心鲜黄色，极芳香。

其他用途

同红鸡蛋花。

鸡蛋花植株

鸡蛋花植株

鸡蛋花植株

鸡蛋花植株（示落叶期）

鸡蛋花叶

鸡蛋花花

糖胶树

Alstonia scholaris (Linn.) R. Br.

别名：灯台树、面条树、灯架树、黑板树

识别要点

常绿大乔木，树冠呈伞盖状，有白色乳液，具毒性。单叶 3～10 片轮生，倒卵状长圆形、倒披针形至匙形。

其他用途

树皮可治头痛、伤风、肺炎、慢性支气管炎；但种皮和叶有毒，慎重使用。

容易混淆的植物：盆架树 *Alstonia rostrata* C. E. C. Fisch

糖胶树：单叶 3～10 片轮生，倒卵状长圆形、倒披针形至匙形，叶尖圆，具白色乳汁；

盆架树：单叶 3～4 片轮生，窄椭圆形，叶尖渐尖或急尖。

糖胶树植株　糖胶树植株　糖胶树植株　糖胶树枝条　糖胶树花序　糖胶树果（示形似面条）

火焰树

Spathodea campanulata Beauv.

别名：苞萼木

识别要点

乔木，一回奇数羽状复叶，总叶柄对生。托叶大，圆形，连着总叶柄，早落。小叶椭圆形。花萼佛焰苞状，花冠橘红色。

其他用途

因其适应性强，耐修剪，喜萌发，作绿篱具有优势。

火焰树植株　火焰树植株

火焰树花枝（示盛花期）　火焰树花序和花

火焰树枝条　火焰树枝条

羽叶吊瓜

Kigelia africana (Lam.) Benth.

别名：吊瓜树、吊灯树

识别要点

乔木，一回羽状复叶，总叶柄轮生或对生，小叶革质，长圆形或倒卵形，叶尖急尖而具小尖头。蒴果圆柱形，下垂，果形似瓜，羽叶吊瓜、吊瓜树因此而得名，又因果形似灯，也称吊灯树。

其他用途

树皮入药可治皮肤病。

羽叶吊瓜植株　羽叶吊瓜植株

羽叶吊瓜植株　羽叶吊瓜枝条

羽叶吊瓜花　羽叶吊瓜果实

黄花风铃木

Handroanthus chrysanthus (Jacq.) S. O. Grose

别名：巴西风铃木

识别要点

落叶乔木，树皮有深刻裂纹，掌状复叶，总叶柄对生。小叶卵状椭圆形，被褐色细茸毛。花冠金黄色，漏斗形。蓇葖果，种子具翅。春季3—4月开花，先花后叶。

注意事项

性喜高温，生育适温23～30℃。栽培土质以富含有机质之土壤或砂质土壤最佳。仅适合于热带、亚热带地区栽培。

黄花风铃木植株　黄花风铃木植株

黄花风铃木植株　黄花风铃木植株

黄花风铃木花　黄花风铃木枝条

酒瓶兰

Beaucarnea recurvata Lem.

别名：象腿树

识别要点

茎干直立，下部肥大，状似酒瓶；叶着生于茎顶端，细长线状，革质而下垂，叶缘具细锯齿。老株表皮会龟裂，状似龟甲，颇具特色。

其他用途

以精美盆钵种植小型植株，置于案头、台面，显得优雅清秀；以中大型盆栽种植，用来布置会议室、会客室、宾馆等场所，极富热带情趣。

容易混淆的植物：酒瓶椰子 *Hyophorbe lagenicaulis* (L. H. Bailey) H. E. Moore

区别和图片对比见 112 页。

酒瓶兰植株　酒瓶兰植株　酒瓶兰植株　酒瓶兰花序

大王椰子

Roystonea regia (Kunth) O. F. Cook

别名：王棕

识别要点

单干高耸挺直，幼株基部膨大，成株中央部分稍膨大，呈纺锤形。环状叶痕不明显，一回羽状复叶，环抱茎顶，小叶片三列排列。

其他用途

果实含油，可作猪饲料。树木较高，路灯一般在其下方，对城市光污染有一定的改善。

大王椰子植株　大王椰子植株　大王椰子植株　大王椰子（示纺锤形主干）　大王椰子叶　大王椰子花

假槟榔

Archontophoenix alexandrae (F. Muell.) H. Wendl. et Drude

别名：亚历山大椰子

识别要点

乔木，单干直立如旗杆状，落叶处有明显的环状叶痕。叶簇生于干的顶端，伸展如盖，形成特有的棕榈型树冠。羽状全裂，羽叶扁平，条状披针形，列序整齐。

其他用途

叶鞘纤维可煅炭、止血，用于外伤出血。

假槟榔植株

假槟榔植株

假槟榔植株

假槟榔茎

假槟榔（示明显的环状叶痕）

假槟榔果序

大王椰子和假槟榔的主要区别

名称	主茎特点	环状叶痕特征
大王椰子	幼株基部膨大，成年粗壮，中央部分膨大，呈纺锤形	环状叶痕凹陷不明显
假槟榔	单干直立如旗杆状	环状叶痕凹陷明显

大王椰子主茎　假槟榔主茎
大王椰子植株　假槟榔植株

短穗鱼尾葵

Caryota mitis Lour.

别名：丛生鱼尾葵

识别要点

丛生小乔木，基本特征同鱼尾葵。肉穗花序有分枝，小穗长仅 30～40 cm。浆果球形，熟时蓝黑色。

注意事项

果皮上含有刺激性钙结晶，皮肤接触后会产生奇痒，但毒性不大，如果接触后引起瘙痒，可用肥皂水清洗即可，如果无效可到医院就医。

短穗鱼尾葵植株

短穗鱼尾葵植株

短穗鱼尾葵植株（示丛生小乔木）

短穗鱼尾葵植株（示丛生小乔木）

短穗鱼尾葵叶

短穗鱼尾葵花序

鱼尾葵

Caryota maxima Blume ex Mart.

识别要点

大乔木，单干直立。叶二回羽状全裂，顶端 1 片羽片呈扇形，叶尖有不规则锯齿，形似鱼尾，鱼尾葵因此而得名。花序（果序）长约 3 m，花 3 朵聚生，黄色。果球形，成熟后淡红色或紫红色。

注意事项

同短穗鱼尾葵。

鱼尾葵植株　鱼尾葵植株　鱼尾葵叶　鱼尾葵长花序

短穗鱼尾葵和鱼尾葵的主要区别

名称	性状	花序特点
短穗鱼尾葵	丛生小乔木	花序长 30～40 cm
鱼尾葵	单生大乔木	花序长达 3 m

短穗鱼尾葵（示丛生小乔木）

鱼尾葵（示乔木）

短穗鱼尾葵花序

鱼尾葵花序

短穗鱼尾葵叶

鱼尾葵叶

加那利海枣

Phoenix canariensis Chabaud.

别名：长叶刺葵

识别要点

乔木，树干粗壮，高大雄伟。一回羽状复叶，长达 6 m，拱形。总轴两侧有 100 多对小羽片。羽叶长 32 ~ 45 cm，宽 2 ~ 3 cm，羽叶密而伸展，形成密集的羽状树冠，下部的羽叶退化成粗壮的针刺。穗状花序，长达 1 m 以上。花小，黄褐色。果实熟时黄至淡红色。

其他用途

幼株可盆栽或桶栽观赏，用于布置节日花坛，效果极佳。

加那利海枣植株

加那利海枣植株

加那利海枣植株

加那利海枣植株

加那利海枣一回羽状复叶

加那利海枣果实

软叶刺葵

Phoenix roebelenii O. Brien

别名：江边刺葵、美丽针葵、罗比亲王椰子、罗比亲王海枣

识别要点

小乔木或灌木，有残存的三角形的叶柄基部。叶一回羽状全裂，常下垂，羽片长条形，柔软下垂，2 列排列，近对生，长 20 ~ 30 cm，宽 1 cm，下部的叶片退化成细长的针刺。穗花序长 30 ~ 50 cm，花序轴扁平。

其他用途

家庭小苗盆栽，可摆设在客厅、住室；大苗盆栽适宜装饰宾馆、会议室、大厅，能给人一种身居南国的感觉。

软叶刺葵植株

软叶刺葵植株

软叶刺葵植株

软叶刺葵植株

软叶刺葵主干上残存的三角形叶基

软叶刺葵一回羽状复叶

酒瓶椰子

Hyophorbe lagenicaulis (L. H. Bailey) H. E. Moore

识别要点

乔木，茎干短矮圆肥似酒瓶，高 1 ~ 2.5 m。一回羽状复叶，小叶披针形，线状披针形，40 ~ 60 对，叶鞘圆筒形。肉穗花序多分枝，浆果椭圆，熟时黑褐色。

其他用途

酒瓶椰子与华棕、皇后葵等植物一样，是少数能直接栽种于海边的棕榈植物。

酒瓶椰子植株

酒瓶椰子植株

容易混淆的植物：酒瓶兰 *Beaucarnea recurvata* Lem.

酒瓶兰：单叶簇生，龙舌兰科；

酒瓶椰子：一回羽状复叶，棕榈科。

酒瓶兰植株

酒瓶椰子植株

蒲葵

Livistona chinensis (Jacq.) R. Br. ex Mart.

别名：扇叶葵

识别要点

单干型常绿乔木，叶扇形，宽 1.5 ~ 1.8 cm，长 1.2 ~ 1.5 m，掌状浅裂至全叶的 1/4 ~ 2/3，着生茎顶，形成特有的棕榈型树冠。肉穗花序腋生，花小，两性，通常 4 朵聚生，核果椭圆形，熟时亮紫黑色。

其他用途

嫩叶编制葵扇；老叶制蓑衣等；叶裂片的肋脉可制牙签。蒲葵种子民间常用其治疗白血病、鼻咽癌、绒毛膜癌、食道癌。

蒲葵植株　蒲葵植株

蒲葵植株　蒲葵植株

蒲葵果序　蒲葵树皮（示开裂方式）

红刺露兜树

Pandanus utilis Borg.

别名：扇叶露兜树 、红刺林投

识别要点

灌木或小乔木，具发达的支柱根。叶簇生茎顶，带状，具白粉，边缘或叶背面中脉有红色锐刺。无被花，单性，头状花序，芳香。

其他用途

叶部纤维坚韧，是很好的制帽、编篮材料。果核燃烧后会产生大量无味的白烟，是养蜂人家整理蜂房、熏蜂的最好材料。

红刺露兜树植株

红刺露兜树植株

红刺露兜树植株

红刺露兜树植株

红刺露兜树叶序（示叶缘红色锯齿）

红刺露兜树植株（示发达的支柱根）

黄金间碧竹

Bambusa vulgaris 'Vittata' McClure

别名：黄金竹

识别要点

木本，丛生，秆直立，鲜黄色，间以绿色纵条纹，节间圆柱形，节凸起。

其他用途

药用，箨鞘可治黄疸、眩晕、小便热涩疼痛等。

黄金间碧竹植株　黄金间碧竹植株

大佛肚竹

Bambusa vulgaris 'Wamin'

别名：佛竹（广东）、罗汉竹

识别要点

木本，秆绿色，下部各节间极为短缩，各节间的基部有明显的肿胀。

其他用途

嫩叶可清热，除烦。

容易混淆的植物：佛肚竹 *Bambusa ventricosa* McClure

名称	秆	节间
大佛肚竹	粗	膨大，形如佛肚，一般较少变异回去
佛肚竹	细	微膨大，一定条件下发育为正常竹秆

大佛肚竹植株　大佛肚竹植株　大佛肚竹植株　大佛肚竹秆

粉单竹

Bambusa chungii McClure

别名：单竹

识别要点

乔木状，秆幼年时被白粉。叶片线状披针形，长 20 cm，宽 2 cm，每小枝有叶 4 ~ 8 片，质地较薄，背面无毛或疏生微毛。

其他用途

粉单竹削的竹篾，纤维拉力极高，不裂不脆，极其柔软。农家用其编织家具或农具，如竹席、箩筐等。还是造纸和制布的高级原料。

粉单竹植株　粉单竹植株

粉单竹植株　粉单竹植株

粉单竹秆　粉单竹叶

含笑

Michelia figo (Lour.) Spreng.

识别要点

灌木或小乔木，单叶互生，具托叶环痕，小枝密被绣色绒毛。同被花，白色，芳香，雌雄蕊多数，螺旋状排列在隆起的花托上。

其他用途

含笑花茶具有活血调经、养肤养颜、安神减压、纤身美体、保健强身和祛病延年功效。经常饮用可使皮肤细嫩红润、光洁亮丽、富有光泽和弹性。

含笑植株　含笑植株　含笑植株　含笑枝条　含笑花　含笑花

南天竹

Nandina domestica Thunb

识别要点

灌木，三到四回羽状复叶，果红色。

其他用途

根、叶具有强筋活络，消炎解毒之效，果为镇咳药。但过量有中毒之虞。

南天竹植株　南天竹植株　南天竹植株　南天竹植株　南天竹植株　南天竹果

紫薇

Lagerstroemia indica Linn.

别名：痒痒树、小叶紫薇

识别要点

灌木，树皮光滑，幼枝紫红色，旋扭，具有枝翅。单叶互生，叶柄极短。花瓣粉红色或白色，具爪（柄），皱褶。

其他用途

木材坚硬、耐腐，可作农具、家具、建筑等用材。树皮、叶和花为强泻剂；根和树皮煎剂可治咯血、吐血、便血。

紫薇植株　紫薇植株　紫薇植株　紫薇主茎（示光滑）　紫薇枝条（示幼枝上枝翅）　紫薇花

紫萼距花

Cuphea hyssopifolia Kunth 'Allyson'

别名：紫雪茄花、紫花满天星

识别要点

常绿小灌木，高 30～60 cm，枝叶繁茂，幼枝被短腺毛，老时无毛。单叶对生，长卵形或椭圆形，叶端有尖突。花瓣 6 片，紫红色，近相等，倒卵形或倒卵状圆形。

其他用途

能阻挡杂草滋生，具有生态恢复功能。种子富含多种脂肪酸，可制作肥皂。花期长，为蜜源植物。还可提取色素供工业上使用。

紫萼距花植株

紫萼距花植株

紫萼距花植株

紫萼距花植株

紫萼距花枝条（正面观）

紫萼距花花

海桐

Pittosporum tobira
(Thunb.) Ait.

识别要点

灌木，单叶簇生，叶片倒卵形，叶面深绿色，光亮，主脉白色显著。

其他用途

抗 SO_2 等有害气体的能力强，为环保树种。

海桐植株　海桐植株　海桐植株　海桐枝条　海桐花　海桐植株

山茶

Camellia japonica Linn.

别名：茶花

识别要点

灌木或小乔木，单叶互生，卵形至椭圆形，边缘有细锯齿，革质，有光泽；长 5 ~ 10 cm，宽 2.5 ~ 5 cm，先端略尖，或急短尖而有钝尖头，基部阔楔形，花顶生或单生于叶腋或枝顶，原种为单瓣、红花，栽培品种多为重瓣，有红、白、淡红和粉红等色彩。

其他用途

花有收敛、止血、凉血、调胃、理气、散瘀、消肿等疗效。其具有花期长、蜜质香甜特点，是冬季、春季主要蜜源植物。

山茶植株　山茶植株

山茶花　山茶枝条（正面观）

山茶花　山茶花

金花茶

Camellia petelotii (Merr.) Sealy

别名：多瓣山茶

识别要点

灌木，单叶互生，革质，长圆形、披针形或倒披针形，晶莹光洁，上面深绿色，中脉、侧脉在上面陷下，下面突起，边缘有细锯齿。花金黄色，花瓣 8 ~ 12 片。

其他用途

具有特殊的色泽遗传基因，科研价值极其重要，为我国珍稀保护植物。金花茶还可降血糖和尿糖，能有效改善糖尿病“三高”症状。

金花茶植株　金花茶植株

金花茶枝条　金花茶枝条

金花茶花　金花茶花

美花红千层

Callistemon citrinus (Curtis) Skeels

识别要点

灌木，幼枝和幼叶有白色柔毛。单叶互生，披针形，长 3 ~ 8 cm，宽 2 ~ 5 mm，坚硬，无毛，有透明腺点，中脉明显，无柄。穗状花序，有多数密生的花；花红色，雄蕊多数，红色。

其他用途

可作防风林、切花或大型盆栽，也可修剪整枝成为高贵盆景。在抗盐碱生态植物品种中，美花红千层是首选的优良观花树种。

容易混淆的植物：垂枝红千层 *Callistemon viminalis* G. Don ex Loudon

区别和图片对比见 42 页。

美花红千层植株　美花红千层植株

美花红千层植株　美花红千层植株

美花红千层植株　美花红千层枝条

巴西野牡丹

Tibouchina semidecandra Cogn.

识别要点

灌木，单叶对生，基出三脉，边脉弧形，凹陷。花粉红色、紫色等，色彩艳丽。

其他用途

具有一定的耐阴能力，布置于片林下和高架桥下，为耐阴植物提供新的选择。

巴西野牡丹植株

巴西野牡丹植株

巴西野牡丹植株

巴西野牡丹植株

巴西野牡丹枝条

巴西野牡丹花

木芙蓉

Hibiscus mutabilis Linn.

别名：芙蓉花

识别要点

落叶灌木或小乔木，小枝、叶柄、花梗和花萼均密被星状毛。叶宽卵形至圆卵形或心形，下面密被星状细绒毛；常 5 ~ 7 裂，裂片三角形，托叶披针形，常早落。花初开时白色或淡红色，后变深红色，单瓣或重瓣，单体雄蕊。

注：木芙蓉花的色彩能随着花瓣液泡内花青素的酸碱度改变而改变。当花青素酸性逐渐增强时，花瓣的色彩也由白色变成浅红色，直至深红色。

其他用途

小枝、叶片、叶柄、花萼均密被星状毛和短柔毛，能有效地吸附大气中飘浮的固体颗粒物。木芙蓉对 SO_2 抗性强，对 Cl_2 与 HCl 也有一定抗性。

木芙蓉植株　木芙蓉植株

木芙蓉植株　木芙蓉植株

木芙蓉枝条　木芙蓉花

朱槿

Hibiscus rosa-sinensis Linn.

别名：大红花、扶桑

识别要点

灌木，单叶互生，宽卵形或长卵形，托叶线形。花大，色彩丰富。单体雄蕊。

其他用途

根、叶、花均可入药，有清热利水、解毒消肿之功效。

朱槿植株　朱槿植株

朱槿植株　朱槿植株

朱槿枝条　朱槿花

容易混淆的植物：木槿 *Hibiscus syriacus* L.

名称	花色	雌蕊	叶
朱槿	深红色、黄色或白色	花柱伸出花冠	通常不开裂
木槿	淡紫色	花柱不伸出花冠	开裂

朱槿植株 木槿植株

朱槿花 木槿花

朱槿叶 木槿叶

花叶朱槿

Hibiscus rosa-sinensis var. *variegata*

别名：锦叶大红花、花叶扶桑

识别要点

花叶朱槿是朱槿的一个品种，形态结构同朱槿，但是朱槿叶片为绿色，花叶朱槿叶片色彩丰富艳丽，有红、黄、绿等。

其他用途

根和花可治肠炎、腹痛、眼疾，也是解热剂，叶也有解热作用。花叶外用可治皮肤病、疔疮肿毒。花味甘、性平，可治支气管炎、发汗剂。

花叶朱槿植株　花叶朱槿植株

花叶朱槿植株　花叶朱槿植株

花叶朱槿枝条　花叶朱槿花

悬铃花

Malvaviscus arboreus Cav.

识别要点

灌木，单叶互生，卵形、宽心形或浅二裂，叶形变化较多。花红色，花朵下悬，花瓣不开展，呈含苞状。单体雄蕊。

注意事项

不甚耐阴，一般在室内有较强散射光处摆设较宜，且时间不宜超过 2 ~ 3 周。

悬铃花植株　悬铃花植株　悬铃花植株　悬铃花植株　悬铃花枝条　悬铃花花

变叶木

Codiaeum variegatum (L.) Rumph. ex A. Juss.

别名：洒金榕

识别要点

灌木，单叶互生，具乳汁，叶形、色彩多变。

注：变叶木是被子植物中颜色变化较多的植物之一。品种繁多，叶片上常洒以金、黄、白、橙、淡红、深红和褐色的斑点和线条，五彩缤纷。为了鉴别上的方便，统称变叶木（洒金榕）。变叶木叶形和色彩差异见 132 页。

变木叶（洒金榕）叶片色彩斑斓形成的原因：植物叶片的多种色彩是由叶片细胞叶绿体内的叶绿素、胡萝卜素、叶黄素和液泡中的花青素共同产生的结果。由于叶绿素能吸收红光和蓝紫光，而对绿光吸收较少，再加上数量占优，因此平时看到的叶片呈绿色。胡萝卜素和叶黄素多为橙色或黄色。花青素多为红色、蓝色、白色等。因此，当变木叶（洒金榕）叶片中的色素分布不均匀时，各种色彩就会同时出现，形成五颜六色的彩叶。

注意事项

同悬铃花。

变叶木植株

变叶木植株

变叶木植株

变叶木植株

变叶木植株　变叶木植株
变叶木植株　变叶木植株
变叶木植株　变叶木植株
变叶木植株　变叶木植株

红背桂

Excoecaria cochinchinensis Lour.

识别要点

单叶互生或近对生，具乳汁，叶背紫红色。

其他用途

能祛风湿、通经络、活血止痛，主治风湿痹痛、腰肌劳损、跌打损伤。

红背桂植株　红背桂植株

红背桂植株　红背桂植株

红背桂植株　红背桂枝条

红桑

Acalypha wilkesiana Muell. ex Arg.

识别要点

单叶互生，叶形似桑叶，色彩多样，主要有紫红色、红色、黄绿色等。

注：红桑品种繁多，为了鉴别上的方便，统称红桑。

其他用途

叶清热解毒、利湿、收敛止血，主治肠炎、痢疾、吐血、衄血、便血、尿血，崩漏，外治痈疖疮疡、皮炎湿疹。

红桑植株　红桑植株

红桑植株　红桑植株

红桑植株　红桑植株

红尾铁苋

Acalypha reptans Sw.

别名：红穗铁苋草、狗尾红

识别要点

灌木，单叶互生，叶形似桑叶，花序呈穗状，红色或紫红色。

注意事项

喜温暖、湿润和阳光充足的环境。但不耐寒冷，北方通常作为温室盆花栽培。

红尾铁苋植株　红尾铁苋植株　红尾铁苋植株　红尾铁苋植株　红尾铁苋植株　红尾铁苋花序（示穗状花序直立）

铁海棠

Euphorbia milii Ch. Des Moulins

别名：虎刺梅

识别要点

灌木，单叶簇生，植株具长锥刺和白色乳汁，苞片（苞叶）2枚，红色或白色。聚伞花序，雌花1朵，雄花4～5朵。

其他用途

根、茎、叶可用于治疗痈疮、肝炎、水肿。花苦、涩，平，有小毒，可止血，用于子宫出血。根用于鱼口、便毒、跌打。

铁海棠植株　铁海棠植株

铁海棠植株　铁海棠植株

铁海棠枝条　铁海棠花序和苞片

一品红

Euphorbia pulcherrima Willd. ex Klotzsch

别名：圣诞花

识别要点

单叶互生，卵状椭圆形、长椭圆形或披针形，边缘全缘或浅裂或波状，具丰富的白色乳汁。杯状聚伞花序（大戟花序），雄花多朵，雌花 1 朵。结构简单。苞叶（苞片）红色，艳丽。

其他用途

全株苦、涩，凉，有小毒。可治月经过多、跌打损伤、外伤出血、骨折。

一品红植株　一品红植株

一品红植株　一品红植株

一品红植株　一品红杯状聚伞花序

肖黄栌

Euphorbia cotinifolia Linn.

别名：紫锦木

识别要点

半常绿灌木或小乔木。树冠圆整，小枝红色。单叶对生或3叶轮生，广卵形，全缘，紫红色。具丰富的白色乳汁。顶生圆锥花序松散。花白色。

注意事项

枝叶具乳汁，可刺激皮肤发痒甚至肿痛，应注意防护。

肖黄栌植株　肖黄栌植株

肖黄栌植株　肖黄栌花枝

肖黄栌花枝　肖黄栌枝条

琴叶珊瑚

Jatropha pandurifolia Andrews

识别要点

灌木，单叶互生，卵形或二浅裂，叶基呈锯齿状。花单性，雌雄同株。

注意事项

乳汁有毒，不可误食。误触乳汁会引起水泡或脓疱，皮肤严重发炎，对眼睛亦极有毒害。

琴叶珊瑚植株

琴叶珊瑚植株

琴叶珊瑚植株

琴叶珊瑚植株

琴叶珊瑚叶

琴叶珊瑚花序（示雌雄同株）

玫瑰

Rosa rugosa Thunb.

识别要点

落叶灌木，枝条密生刚毛和直刺，小叶 5 ~ 9 片，叶脉凹陷，叶面皱缩。托叶连着总叶柄，长度等于总叶柄长度 1/2 或超过 1/2。

其他用途

初开的花朵及根可入药，有理气、活血、收敛等作用，主治月经不调、跌打损伤、肝气胃痛，乳臃肿痛等症。

玫瑰植株　玫瑰植株

玫瑰枝条　玫瑰植株

玫瑰植株（示叶面）　玫瑰花

现代月季

Rosa hybrida Hort. ex Lavall

识别要点

常绿或半常绿灌木，枝条具较大的稀疏弯刺，小叶 3～5 片，叶面光滑而有光泽。托叶连着总叶柄，长度小于总叶柄长度 1/2。

其他用途

花可提取香精，也可入药。抗真菌及协同抗耐药真菌活性效果较好。

玫瑰和现代月季的主要区别

名称	性状	茎	叶	托叶	花期
玫瑰	落叶灌木	茎枝密生刚毛和直刺	小叶 5 ～ 9 片，叶脉凹陷而皱缩无光泽	托叶连着总叶柄，长度等于总叶柄长度 1/2 或超过 1/2	4-6 月
现代月季	常绿或半常绿灌木	茎具较大的弯刺	小叶 3 ～ 5 片，叶面光滑而有光泽	托叶连着总叶柄，长度小于总叶柄长度 1/2	全年

注：原种月季 *Rosa chinensis* Jacq. 目前国内几乎无栽培，现在栽培的都是杂交种，称现代月季或当代月季，因此本图鉴学名采用 *Rosa hybrida* Hort. ex Lavall。

现代月季园

现代月季植株

现代月季植株

朱缨花

Calliandra haematocephala Hassk.

别名：美蕊花、红绒球

识别要点

灌木，枝条扩展；二回羽状复叶，小叶斜披针形，叶基极度偏斜；头状花序，雄蕊的花丝极度发达，深红色，多数。

其他用途

树皮可用于利尿和驱虫。

朱缨花植株

朱缨花植株

朱缨花植株

朱缨花植株

朱缨花头状花序和叶

朱缨花头状花序

银叶金合欢

Acacia podalyriifolia Cunn. ex G. Don

别名：珍珠相思树、珍珠金合欢、珍珠合欢

识别要点

常绿灌木或小乔木，小枝密被灰白粉，叶退化成叶状柄，银灰绿色，椭圆形，互生。头状花序金黄色似绒球，冬季和早春盛开，花开季节，满树金黄，甚为壮观。

形态特点

幼年叶片形似轻柔白羽毛，成熟后叶片退化成叶状柄，椭圆形，银绿色。

银叶金合欢植株　银叶金合欢植株

银叶金合欢植株　银叶金合欢植株

银叶金合欢头状花序　银叶金合欢枝条

翅荚决明

Senna alata (L.) Roxb.

识别要点

灌木，一回偶数羽状复叶，小叶对生；顶端小叶片比末端小叶片大，倒卵状长圆形或长椭圆形，叶尖常凹缺或有小短尖头，小叶柄几无；叶轴具狭翅。总状花序，花瓣鲜黄色，具紫色脉纹。荚果黑色，有翅。

其他用途

叶子或枝液含有大黄酚，具杀真菌作用，可以用来治疗皮肤病；种子含有的皂角苷，可以作为驱除肠道寄生虫的驱虫剂。

翅荚决明植株　翅荚决明植株

翅荚决明植株　翅荚决明枝条（示一回羽状复叶）

翅荚决明总状花序　翅荚决明荚果

金凤花

Caesalpinia pulcherrima (Linn.) Sw.

别名：洋金凤、黄金凤、黄蝴蝶

识别要点

直立常绿灌木。高达 3 m，有疏刺。二回羽状复叶，小叶 7 ~ 11 对（对生），长椭圆形或倒卵形，基部歪斜，顶端凹缺，小叶柄很短。总状花序顶生或腋生，花瓣橙红色，边缘黄色，花丝长、红色，伸出花瓣外，整个花形似金色凤凰，金凤花因此而得名。荚果，成熟时黑色。

其他用途

著名中药。种子入药，有活血通经之效。茎榨汁以黄酒冲服。

金凤花植株　金凤花植株　金凤花植株　金凤花枝条（示二回羽状复叶）　金凤花植株　金凤花花

双荚决明

Cassia bicapsularis Linn.

别名：双荚槐

识别要点

灌木矮小，分枝多，一回羽状复叶，小叶 3～5 对，卵状长椭圆形或倒卵状椭圆形，基部 1 对叶子之间的叶轴上具有棍棒状腺体。花黄色，荚果圆柱状，两个一组，悬挂枝顶，故名“双荚决明”。

其他用途

种子（决明子）既能清泄肝胆郁火，又能疏散风热，为治目赤肿痛的要药。

容易混淆的植物：黄槐 *Senna Surattensis* (Burm. f.) H. S. Irwin et Bameby

区别和图片比对见 67 页。

双荚决明植株（示灌木）　双荚决明枝条　双荚决明花　双荚决明荚果

红花檵木

Loropetalum chinense var. *rubrum* Yieh

别名：红檵木

识别要点

常绿灌木或小乔木，小枝、嫩叶及花萼均有绣色星状短柔毛。单叶互生，卵形或椭圆形，阳光下，幼叶暗紫色或紫红色，阴暗时容易变绿，先端锐尖，全缘，背面密生星状柔毛。花瓣 4 片，紫红色线形。

容易混淆的植物：檵木 *Loropetalum chinense* (R. Br.) Oliv.

名称	叶片颜色	花瓣
红花檵木	叶通常暗紫色或紫红色	线形，紫红色
檵木	叶绿色	线形，白色

红花檵木植株

红花檵木植株

红花檵木枝条

红花檵木花

檵木枝条

檵木花序

九里香

Murraya exotica L.

识别要点

灌木或小乔木，当年生枝条绿色。老枝灰白色，一回羽状复叶，小叶3～7片，倒卵形或倒卵状椭圆形，具白色油腺体。花白色，芳香；果朱红色，阔卵形或椭圆形。

其他用途

花、叶、果均含精油，可用于化妆品香精、食品香精；枝叶入药，可治胃痛、风湿痹痛，外用则可治牙痛、跌打肿痛、虫蛇咬伤等。

九里香植株　九里香植株

九里香植株　九里香枝条

九里香花　九里香果实

米仔兰

Aglaia odorata Lour.

别名：米兰、大叶米兰

识别要点

灌木或小乔木，一回单数羽状复叶，叶柄上有黑色腺点；小叶 3 ~ 5 片，革质有光泽，先端小叶片较大，两侧的小叶片较小，叶尖钝或钝尖，全缘或呈微波状，基部楔形而下延。

米仔兰植株

米仔兰枝条

小叶米仔兰

Aglaia odorata var. *microphyllina* C. DC.

别名：小叶米兰

识别要点

灌木或小乔木，全株无毛，一回奇数羽状复叶，叶轴具翅；小叶 5 ~ 7 片，倒卵形至倒披针形，基部一对常较小，叶尖圆，基部楔形。花小黄色。

小叶米仔兰植株

小叶米仔兰枝条

小叶米仔兰一回羽状复叶

小叶米仔兰花

鹅掌藤

Schefflera arboricola Hayata

别名：七叶莲、七叶藤

识别要点

半蔓性常绿灌木，掌状复叶，小叶5～9片，倒卵形或长椭圆形，革质富光泽，叶色浓绿。由于小叶排列酷似小鹅的脚掌，鹅掌藤因此而得名。浆果，呈小球形，成熟橙黄色。

其他用途

有行气止痛、活血消肿、辛香走窜、温通血脉功效，既能行气开瘀止痛，又能活血生新。

鹅掌藤植株

鹅掌藤植株

鹅掌藤植株

鹅掌藤植株

鹅掌藤植株

鹅掌藤枝条（示掌状复叶）

斑叶鹅掌藤

Schefflera arboricola 'Variegata'

识别要点

斑叶鹅掌藤是鹅掌藤的一个品种，特征和鹅掌藤相同，主要区别是斑叶鹅掌藤叶片上具黄色斑纹。通常都称为鹅掌藤。

其他用途

同鹅掌藤。

斑叶鹅掌藤植株 斑叶鹅掌藤植株

斑叶鹅掌藤植株 斑叶鹅掌藤植株

斑叶鹅掌藤枝条 斑叶鹅掌藤果

杜鹃

Rhododendron simsii Planch.

别名：杜鹃花、映山红

识别要点

落叶灌木，高 2 ~ 5 m，密被亮棕褐色扁平糙伏毛。叶革质，卵形、椭圆状卵形或倒卵形或倒卵形至倒披针形，边缘微反卷，具细齿，上面深绿色，疏被糙伏毛，下面淡白色，密被褐色糙伏毛。花冠阔漏斗形，玫瑰色、鲜红色或暗红色。

其他用途

根、花可治吐血、月经不调、风湿痛、跌打损伤。叶可清热解毒、止血。

杜鹃植株　杜鹃植株　杜鹃植株　杜鹃植株　杜鹃枝条　杜鹃枝条

锦绣杜鹃

Rhododendron × *pulchrum* Sweet

识别要点

灌木，幼枝密生淡棕色扁平伏毛。单叶互生，椭圆形至椭圆状披针形或矩圆状倒披针形，叶尖急尖，有凸尖头，基部楔形。花冠蔷薇紫色（具深红色斑点）、粉红色、深红色或间有白色。

其他用途

根皮可治消化道出血、衄血、咯血、月经不调。花可治骨髓炎。根、叶、花都可以用来消炎和杀虫。

锦绣杜鹃植株

锦绣杜鹃植株

锦绣杜鹃植株

锦绣杜鹃植株

锦绣杜鹃枝条（正面观）

锦绣杜鹃花

皋月杜鹃

Rhododendron indicum (Linn.) Sweet

识别要点

灌木，单叶互生，通常集生枝端，长圆状倒卵形或长圆状倒披针形，叶尖具凸尖头，基部楔形，叶缘具细圆齿，上面深绿色，有光泽。花鲜红色，花丝淡红色。

其他用途

同锦绣杜鹃。

皋月杜鹃植株　皋月杜鹃植株

皋月杜鹃枝条　皋月杜鹃枝条（背面观）

皋月杜鹃植株　皋月杜鹃花

灰莉

Fagraea ceilanica Thunb.

别名：非洲茉莉

识别要点

常绿灌木或小乔木，有时可呈攀缘状。单叶对生，肉质，椭圆形或倒卵状椭圆形，长 5 ~ 10 cm，侧脉不明显。花冠白色，有芳香。

其他用途

产生的挥发性油类具有显著的杀菌作用，可使人放松，有利于睡眠，提高工作效率。

灰莉植株　灰莉植株　灰莉植株　灰莉枝条　灰莉植株　灰莉花

桂花

Osmanthus fragrans Lour.

别名：岩桂、木犀

识别要点

灌木或小乔木，单叶对生，椭圆或长椭圆形，革质，叶边缘有锯齿。花簇生，有乳白、黄、橙红等色。桂花有金桂、银桂、丹桂和四季桂 4 个品系。金桂：包括各种深浅不同的黄色桂花，在桂花的品种中，花香最为浓馥，经常弥空不散。银桂：花色黄白或淡黄，香味较金桂为逊。丹桂：花色橙黄或橙红，其香味虽比不上金桂和银桂，但花开橙红色，灼灼诱人。四季桂：花色黄白或淡黄，香味较淡，花期全年。

桂花植株　桂花枝条

金桂*O. fragrans* var. *thunbergii*　银桂*O. fragrans* var. *latifolius*

丹桂*O. fragrans* var. *aurantiacus*　四季桂*O. fragrans* var. *semperflorens*

茉莉

Jasminum sambac Soland. ex Ait.

识别要点

藤本状灌木或常绿小灌木，单叶对生，光亮，宽卵形或椭圆形，叶柄短而向上弯曲，有短柔毛。花白色，极芳香。

其他用途

花茶可“去寒邪、助理郁”，是春季饮茶之上品。根可治跌损筋骨、龋齿。花可治头痛、失眠。叶可治外感发热、腹胀泻。

茉莉植株　茉莉植株

茉莉枝条　茉莉枝条

茉莉花（示单瓣）　茉莉花（示重瓣）

山指甲

Ligustrum sinense Lour.

别名：小蜡树、小腊树

识别要点

落叶灌木或小乔木，一般高 2 m 左右，最高可达 7 m。小枝开展，密被黄色短柔毛。单叶对生。圆锥花序疏松，顶生；花白色，花冠长约 4 mm，雄蕊 2 枚，着生于冠筒上，外露。核果近球形，黑色。

其他用途

果实可酿酒，种子可制肥皂，茎皮纤维可制人造棉。有抗感染、止咳功效。

山指甲植株　山指甲植株　山指甲植株　山指甲植株　山指甲圆锥花序　山指甲枝条

云南黄素馨

Jasminum mesnyi Hance.

别名：云南迎春、野迎春

识别要点

常绿藤状灌木，小枝无毛，四棱形，总叶柄对生，三出掌状复叶，小叶长椭圆状披针形，顶端 1 片较大，基部渐狭成 1 短柄，侧生 2 片小而无柄。花单生，黄色，重瓣，有香气。

其他用途

全株可入药。

云南黄素馨植株　云南黄素馨植株

云南黄素馨植株　云南黄素馨枝条

云南黄素馨枝条　云南黄素馨花

夹竹桃

Nerium oleander Linn.

别名：柳叶桃、红花夹竹桃

识别要点

小乔木或灌木，具水汁。3 叶轮生，革质，披针形，侧脉密生而平行。花单瓣或重瓣，花色多样，有紫红、粉红、橙红、白色等。

其他用途

茎皮纤维为优良混纺原料；叶、茎皮可提制强心剂，但有毒，用时需慎重。叶、树皮、根、花、种子均含有多种配醣体，毒性极强，人畜误食能致死。

夹竹桃植株　夹竹桃植株

夹竹桃植株　夹竹桃植株

夹竹桃枝条　夹竹桃花

黄花夹竹桃

Thevetia peruviana (Pers.) K. Schum

别名：台湾柳

识别要点

灌木或小乔木，具白色乳汁。单叶互生，线形或狭披针形，无柄。花黄色，漏斗状，裂片5，左旋。

其他用途

可治各种心脏病引起的心力衰竭（对左心衰竭疗效较好）、阵发性室上性心动过速、阵发性心房纤颤。叶可灭蝇、蛆、孑孓。乳汁和种子有毒，误食可致命。

黄花夹竹桃植株

黄花夹竹桃植株

黄花夹竹桃植株

黄花夹竹桃植株

黄花夹竹桃枝条、花和果

黄花夹竹桃花

黄蝉

Allamanda schottii Pohl

识别要点

灌木，具乳汁，叶 3 ~ 5 片轮生，椭圆形或倒披针状，矩圆形，全缘，侧脉显著凸起。花鲜黄色，花冠基部膨大呈漏斗状，花冠裂片 5。

注意事项

植株乳汁有毒，人畜中毒会刺激心脏、循环系统和呼吸系统受障碍，妊娠动物误食会流产。

黄蝉植株　黄蝉植株　黄蝉植株　黄蝉植株　黄蝉枝条（示叶序）　黄婵枝条

软枝黄蝉

Allamanda cathartica L.

识别要点

常绿藤状灌木，枝条柔软；茎叶具乳汁，有毒；叶近无柄，轮生或对生，叶片倒卵形，侧脉扁平。花黄色，花冠基部不膨大成漏斗状。

其他用途

传统的南药植物之一，其枝叶具有消肿排毒、杀虫灭疽、消瘤抗癌等功效，可治跌打损伤、癌症肿痛、疥癣等。

软枝黄蝉植株　软枝黄蝉植株

软枝黄蝉植株　软枝黄蝉植株

软枝黄蝉枝条　软枝黄蝉花序和花

黄蝉和软枝黄蝉的主要区别

名称	性状	侧脉	花冠
黄蝉	直立灌木	显著突起	基部膨大，呈漏斗状
软枝黄蝉	藤状灌木	扁平	基部不膨大，呈漏斗状

黄蝉植株　软枝黄蝉植株

黄蝉枝条　软枝黄蝉枝条

黄蝉花　软枝黄蝉花

狗牙花

Tabernaemontana divaricata (L.) R. Br. ex Roem. et Schult.

识别要点

小乔木或灌木状，具乳汁，单叶对生，椭圆形或窄椭圆形，叶尖渐尖，叶基楔形，叶面光亮，侧脉下陷。花白色，单瓣或重瓣。

其他用途

叶有降低血压功效，民间可用其清凉解热、利水消肿，治眼病、疮疥、乳疮、癫狗咬伤等症；根可治头痛和骨折等。

狗牙花植株　狗牙花植株

狗牙花植株　狗牙花枝条（示侧脉下陷）

狗牙花枝条（示侧脉下陷）　狗牙花花

龙船花

Ixora chinensis Lam.

识别要点

灌木，单叶对生，具柄间托叶，革质，叶倒卵形至矩圆状披针形。聚伞形花序顶生，花冠红色或橙红色。

其他用途

根、茎能清热凉血、活血止痛。主治咳嗽、咯血、风湿关节痛、胃痛、妇女闭经、疮疡肿痛、跌打损伤等。花可治月经不调、闭经、高血压等。

龙船花植株　龙船花植株　龙船花植株　龙船花植株　龙船花枝条　龙船花枝条（示柄间托叶）

栀子

Gardenia jasminoides Ellis

别名：水横枝、黄栀子

识别要点

常绿灌木，单叶对生或3叶轮生，长椭圆形或倒卵状披针形，叶尖渐尖或短尖，全缘；托叶2片，连合成鞘状包围着小枝。花初为白色，后变为乳黄色，芳香；花瓣呈旋转卷形排列。

其他用途

是卫生部颁布的第一批药食两用资源。中医临床常用于治疗黄疸型肝炎、扭挫伤、高血压、糖尿病等症。

栀子植株　栀子枝条　栀子枝条　栀子枝条　栀子花（示单瓣）　栀子果

白蝉

Gardenia jasminoides var. *fortuneana* (Lindl.) H. Hara

别名：重瓣栀子花

识别要点

白蝉为栀子的一个栽培变种。

其他用途

可治疗黄疸型肝炎、扭挫伤、高血压、糖尿病等症。

栀子与白蝉的主要区别

名称	花	叶
栀子	花瓣呈旋转卷形排列	叶尖渐尖或短尖
白蝉	花重瓣，大而美丽	叶尖圆，叶面暗绿色而有光泽

白蝉植株　白蝉植株　白蝉植株　白蝉枝条　白蝉枝条　白蝉花

长隔木

Hamelia patens Jacq.

别名：希茉莉

识别要点

灌木。植株常淡红色。3～4 叶轮生，长披针形，具柄间托叶。聚伞圆锥花序，顶生，花橙红色。

其他用途

在北方可温室盆栽观赏，暖地可露地栽培。

长隔木植株　长隔木植株　长隔木植株　长隔木枝条　长隔木枝条（示柄间托叶）　长隔木枝条和花序

福建茶

Carmona microphylla (Lam.) G. Don

别名：基及树、小叶厚壳树

识别要点

常绿灌木，有长短枝之分，叶在长枝上互生，在短枝上簇生，革质，倒卵形或匙状倒卵形，两面均粗糙，上面常有白色小斑点和短硬毛。春、夏开白色小花。

其他用途

绿篱或盆栽，是制作盆景的好材料，岭南派盆景制作主要品种之一。尤其是老树桩育成的盆景，更为古雅。

福建茶植株

福建茶盆景

福建茶植株

福建茶植株

福建茶枝条（示长短枝）

福建茶花

鸳鸯茉莉

Brunfelsia brasiliensis (Spreng.) L. B. Sm. et Downs

别名：双色茉莉

识别要点

常绿灌木。单叶互生，长椭圆形，叶缘略波皱。花多为单生，花径2.5～3.5 cm，花萼连合，花萼管短。初开为蓝紫色，渐变为雪青色，最后变为白色，由于花开有先后，在同株上能同时见到蓝紫色和白色的花，又名双色茉莉。

花语：英文为“昨天、今天、明天”，形象地描绘出其花色的特殊变化。小花初开时深蓝色（昨天），后变为浅紫色（今天），最后变成白色（明天）。

鸳鸯茉莉植株　鸳鸯茉莉植株　鸳鸯茉莉植株　鸳鸯茉莉枝条　鸳鸯茉莉枝条　鸳鸯茉莉花

大花鸳鸯茉莉

Brunfelsia pauciflora (Cham. et Schltdl.) Benth

识别要点

灌木，单叶互生，长披针形；花径达 5 cm，常深紫色。花萼管长。

大花鸳鸯茉莉植株　大花鸳鸯茉莉花　大花鸳鸯茉莉枝条　大花鸳鸯茉莉花

鸳鸯茉莉和大花鸳鸯茉莉的主要区别

名称	花	花萼
鸳鸯茉莉	花直径 2.5 ~ 3.5 cm	花萼管短
大花鸳鸯茉莉	花直径达 5 cm	花萼管长

鸳鸯茉莉花（示花萼管）　大花鸳鸯茉莉花（示花萼管）

炮仗竹

Russelia equisetiformis Schlecht. et Cham.

别名：爆竹花、吉祥草

识别要点

直立灌木，常呈披散状。高约 1 m，茎绿色，轮生，细长，叶小，对生或轮生，绿色或退化成披针形的小鳞片。聚伞圆锥花序，花红色，花冠长筒状，形似鞭炮。

其他用途

花味甘，性平；叶味苦，微涩，性平。可润肺止咳，清热利咽，主治肺痨及咽喉肿痛。

炮仗竹植株　炮仗竹植株

炮仗竹枝条　炮仗竹花枝

炮仗竹花枝　炮仗竹花

非洲凌霄

Podranea ricasoliana (Tanf.) Sprague

别名：紫云藤、紫芸藤

识别要点

常绿半蔓性灌木。一回羽状复叶，总叶柄对生。小叶 9 ~ 11 片，长卵形。花冠漏斗状钟形，粉红到紫红色，喉部色深。

其他用途

阳台栽培靠在铁窗栏杆上生长，可借由扶疏的叶片美化坚硬的铁窗。

容易混淆植物：粉花凌霄 *Pandorea jasminoides* Schum.

两者特征基本相同。主要区别是：非洲凌霄的花萼肿胀，子房长椭圆形，蒴果长线形，有柔韧、革质、全缘的果瓣。

非洲凌霄植株

非洲凌霄植株

非洲凌霄枝条

非洲凌霄枝条

非洲凌霄枝条

非洲凌霄花

黄脉爵床

Sanchezia oblonga Ruiz et Pav.

别名：金脉爵床

识别要点

灌木，单叶对生，叶片矩圆形、倒卵形，叶尖渐尖或尾尖，侧脉 7～12 条，金黄色。

其他用途

除了适合庭园、花坛布置外，也适合家庭、宾馆和窗橱摆饰。

黄脉爵床植株　黄脉爵床植株

黄脉爵床植株　黄脉爵床植株

黄脉爵床枝条　黄脉爵床花

艳芦莉

Ruellia elegans Poir.

别名：红花芦莉

识别要点

常绿小灌木。株高 60 ~ 90 cm。单叶对生，椭圆状披针形或长卵圆形，绿色光亮，侧脉明显下陷，先端渐尖，基部楔形。花腋生，花冠筒状，5 裂，鲜红色，花期夏、秋季。花姿幽美，适合庭园成簇美化或盆栽。

其他用途

除了庭院路边、墙垣边栽培外，也可盆栽于阳台及天台观赏。

艳芦莉植株

艳芦莉植株

艳芦莉植株

艳芦莉植株

艳芦莉植株

艳芦莉花

黄叶假连翘

Duranta erecta 'Golden Leaves'

别名：金叶假连翘

识别要点

灌木，单叶对生，叶长卵圆形，金黄色至黄绿色，卵椭圆形或倒卵形，中部以上有粗齿。总状花序，花蓝色或淡蓝紫色。

经济价值

华南城市绿化的主要观赏植物之一，管理便利、耐于修剪造型、生命力旺盛。

黄叶假连翘植株

黄叶假连翘植株

黄叶假连翘植株

黄叶假连翘植株

黄叶假连翘枝条

黄叶假连翘花

蔓马缨丹

Lantana montevidensis Briq.

识别要点

灌木，茎蔓生，无刺，单叶对生，叶卵形，叶缘有粗牙齿。头状花序，花紫红色。

其他用途

产地巴西，全株可入药，也是一种很好的蜜源植物。

蔓马缨丹植株　蔓马缨丹植株　蔓马缨丹植株　蔓马缨丹枝条　蔓马缨丹枝条　蔓马缨丹花

朱蕉

Cordyline fruticosa (L.) A. Chev.

别名：铁树

识别要点

灌木状，直立，叶聚生于茎或枝的上端，长圆形至长圆状披针形，长 25 ~ 50 cm，宽 5 ~ 10 cm，红色、紫红色或绿色，叶柄有槽，抱茎。

其他用途

叶可清热、止血、散淤止痛、止咳。种子可治消炎、止血、通经、祛痰止咳、消化系统障碍。花可止血、祛痰。

朱蕉植株

朱蕉植株

朱蕉植株

朱蕉植株

朱蕉植株

朱蕉植株

棕竹

Rhapis excelsa (Thumb.) Henry ex Rchd

别名：观音竹

识别要点

常绿灌木，茎纤细如手指，叶掌状深裂，裂片 4 ~ 10 片，长达 30 cm，宽 2 ~ 5 cm，青绿如竹。

其他用途

叶可治收敛止血、主治鼻衄、咯血、吐血、产后出血过多。根可祛风除湿、收敛止血、风湿痹痛、鼻衄、咯血、跌打损伤。

棕竹植株　棕竹植株

棕竹植株　棕竹植株

棕竹植株　棕竹果

多裂棕竹

Rhapis multifida Burret

别名：金山棕

识别要点

灌木。叶掌状深裂，裂片 16～30 片，线状披针形。

容易混淆的植物：棕竹、细棕竹 *Rhapis gracilis* Burret

名称	叶	裂片
棕竹	掌状深裂	4 ～ 10 片
多裂棕竹	掌状深裂	16 ～ 30 片
细棕竹	掌状深裂	2 ～ 4 片

多裂棕竹植株　多裂棕竹植株　多裂棕竹植株　多裂棕竹叶　多裂棕竹花序　多裂棕竹叶

散尾葵

Dypsis lutescens (H. Wendl.) Beentje et Dransf.

识别要点

灌木。茎干光滑，有明显叶痕，呈环纹状。一回羽状复叶，长 40 ~ 150 cm，羽片条状披针形。

其他用途

除去叶子，晒干，对吐血、咯血、便血、崩漏等有较好的治疗效果。

散尾葵植株

散尾葵植株

散尾葵植株

散尾葵植株

散尾葵植株

散尾葵植株

三药槟榔

Areca triandra Roxb. ex Buch. Ham.

识别要点

丛生型常绿小乔木，茎光滑似竹，高 3～4 m，具明显的环状叶痕。一回羽状复叶，长 1 m 或更长，约 17 对羽片，顶端一对合生。

三药槟榔和槟榔（*Areca catechu* L.）的主要区别

名称	性状	雄蕊数目	果实
三药槟榔	茎丛生，灌木状	3 枚	较小，卵状纺锤形，熟时深红色
槟榔	茎单生，乔木状	6 枚	卵球形，熟时橙黄色

三药槟榔植株

三药槟榔植株

三药槟榔植株

三药槟榔植株

三药槟榔一回羽状复叶

三药槟榔花序和果枝

睡莲

Nymphaea spp.

识别要点

水生植物，叶浮水面生长，花瓣披针形，12～32片，白色、粉红色或深红色。

注：睡莲花大、色彩艳丽，为著名的水生观赏植物。由于品种繁多，考虑到鉴别上的方便，统称睡莲 *Nymphaea* spp.。

其他用途

根状茎食用或酿酒，又入药，能治小儿慢惊风；全草可作绿肥。

睡莲植株　睡莲植株　睡莲植株　睡莲花　睡莲花　睡莲花

荷花

Nelumbo nucifera Gertn.

别名：莲花、芙蓉

识别要点

叶大挺出水面生长，花大，花瓣卵形至长卵形，红色、粉红、白色，色彩艳丽。

其他用途

藕（根状茎）和莲子（种子）食用。莲子、根茎、藕节、荷叶、花等都可入药。

睡莲和荷花的主要区别

名称	叶	花瓣
睡莲	浮在水面生长（或沉于水）	披针形
荷花	挺出水面生长	卵形至长卵形

荷花植株　荷花植株　荷花植株　荷花　荷花花　荷花果

王莲

Victoria amazonica (Poepp.) Sowerby

别名：亚马逊王莲

王莲植株　王莲植株　王莲植株　王莲植株

克鲁兹王莲

Victoria cruziana Orbigin.

别名：小王莲

王莲和克鲁兹王莲的主要区别

名称	叶面	叶缘
王莲	绿色，有皱褶	边缘外侧及背面紫红色，下面疏被短柔毛及刺
克鲁兹王莲	绿色，光滑	边缘外侧略带红色，下面密被柔毛

克鲁兹王莲植株

克鲁兹王莲植株

猪笼草

Nepenthes mirabilis (Lour.) Dru

识别要点

草本或藤状亚灌木，叶片主脉顶端变态成捕虫的囊。

其他用途

清肺润燥，行水解毒。可治肺燥咳嗽、百日咳、黄疸、胃痛、痢疾、水肿、痈肿、虫咬伤。

猪笼草植株　猪笼草植株　猪笼草植株　猪笼草植株　猪笼草植株　猪笼草植株

杂种猪笼草

Nepenthes hybrida

注：以下猪笼草均为杂交品种。

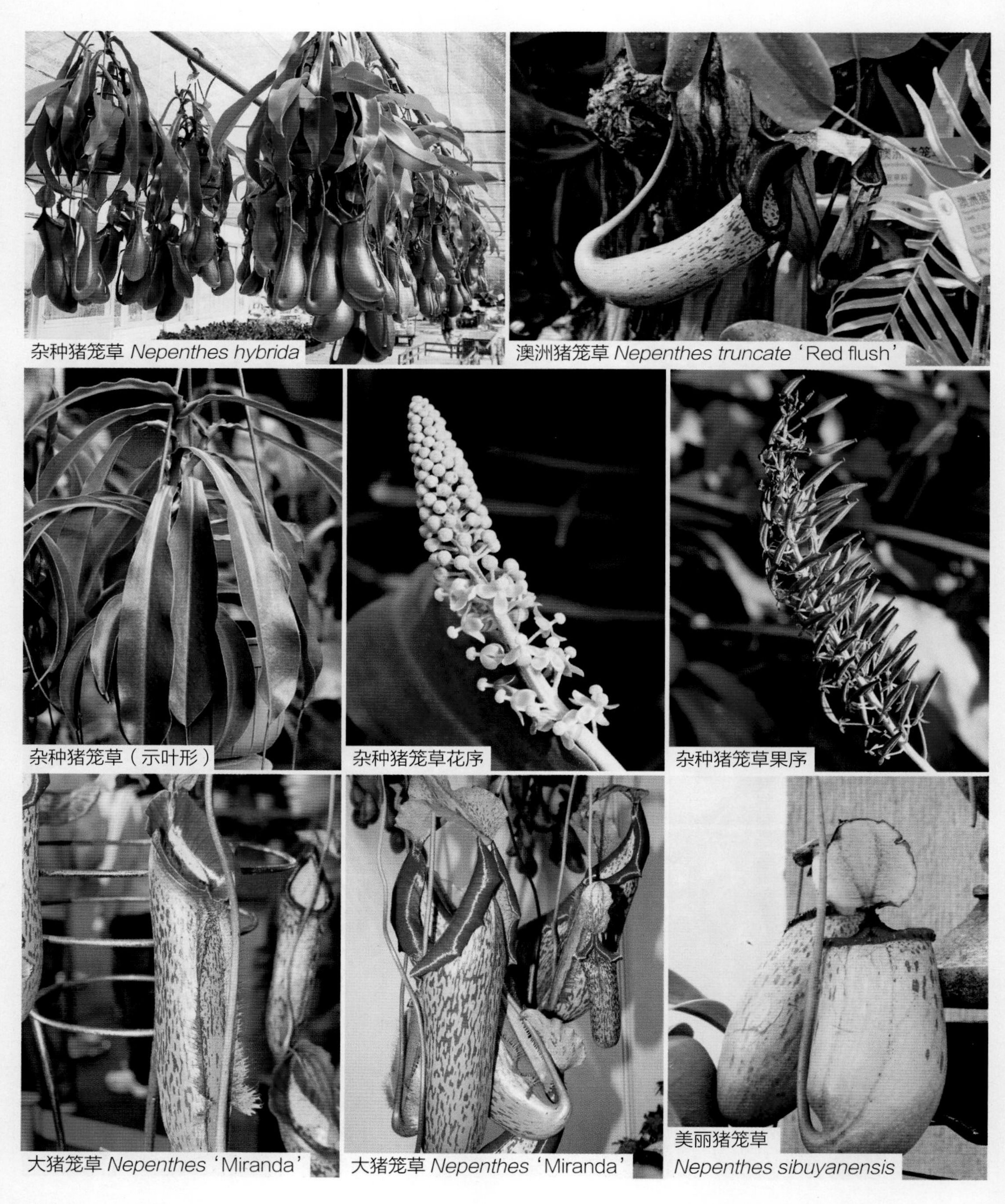

杂种猪笼草 *Nepenthes hybrida*

澳洲猪笼草 *Nepenthes truncate* 'Red flush'

杂种猪笼草（示叶形）

杂种猪笼草花序

杂种猪笼草果序

大猪笼草 *Nepenthes* 'Miranda'

大猪笼草 *Nepenthes* 'Miranda'

美丽猪笼草 *Nepenthes sibuyanensis*

醉蝶花

Tarenaya hassleriana (Chodat) Iltis

别名：西洋白花菜

识别要点

草本，掌状复叶，小叶片侧脉下陷明显，总叶柄具刺。花瓣 5，粉红色或白色，具长柄，雄蕊发达。

其他用途

全草辛、涩、平。有小毒。祛风散寒，杀虫止痒。

醉蝶花植株

醉蝶花植株

醉蝶花植株

醉蝶花植株

醉蝶花植株（示掌状复叶，总叶柄）

醉蝶花花序和花

三色堇

Viola tricolor Linn.

别名：三色堇菜、人面花、鬼脸花

识别要点

两年生草本，多分枝，稍匍匐状生长。基生叶近心脏形，茎生叶较狭长，边缘浅波状。花大，花冠呈假面状，蓝、白和黄色。园艺品种还有纯色、杂色、二色等，色彩艳丽。

其他用途

可杀菌，治疗皮肤上青春痘、粉刺、过敏问题，药浴有很好的丰胸作用。

三色堇植株

三色堇植株

三色堇植株

三色堇植株

三色堇不同色彩的假面状花冠

角堇

Viola cornuta L.

识别要点

多年丛生性草本。匍匐茎，全株被有柔毛。花深紫色、粉红色或白色，有芳香。

其他用途

除了用于花坛周边景观、林地装饰、花园外，也可栽植在容器中，置于床前、窗台。

三色堇和角堇的主要区别

名称	花直径	花瓣颜色
三色堇	花径 4 ~ 6 cm 或更大	花瓣中间有黑、黄、蓝色等斑块
角堇	花径 1 ~ 3 cm	花瓣中间一般没有大斑块，只有猫胡须一样的线条

角堇植株　角堇植株　角堇植株　角堇植株　角堇花　角堇花

凤尾鸡冠

Celosia cristata 'Plumosa'

别名：凤尾球

识别要点

一年生草本，穗状花序密集分枝呈圆锥状，花依品种不同有红、紫、黄、橙等色。

其他用途

花和种子具有凉血、止血、止泻功效。

凤尾鸡冠植株　凤尾鸡冠植株　凤尾鸡冠植株　凤尾鸡冠植株　凤尾鸡冠植株　凤尾鸡冠花序

鸡冠花

Celosia cristata L.

识别要点

草本，穗状花序，花序轴多扁平而肥厚，呈鸡冠状，通常上缘宽，具皱褶，密生线状鳞片，下端渐窄，常残留扁平的茎。表面红色、紫红色或黄白色；中部以下密生多数小花，每花宿存的苞片及花被片均呈膜质。

其他用途

同凤尾鸡冠。

鸡冠花植株　鸡冠花植株

鸡冠花植株　鸡冠花植株

鸡冠花穗状花序　鸡冠花穗状花序

红龙草

Alternanthera brasiliana (L.) Kuntze

别名：巴西莲子草

识别要点

草本，单叶对生，茎叶红色或紫红色，头状花序，白色。

注意事项

大面积栽培视觉效果极佳，也适合箱植或盆栽，不宜作室内植物。

红龙草植株　红龙草植株　红龙草植株　红龙草植株　红龙草枝条　红龙草花序

千日红

Gomphrena globosa Linn.

识别要点

草本，单叶对生。头状花序，由无数朵小花组成，红色或白色。

其他用途

花序入药，有止咳祛痰、定喘、平肝明目功效，主治支气管哮喘、急性和慢性支气管炎、百日咳、肺结核咯血等症。

千日红植株　千日红植株

千日红植株　千日红植株

千日红头状花序　千日红头状花序

马蹄纹天竺葵

Pelargonium zonale Aif.

识别要点

多年生草本，密被短柔毛，具浓烈鱼腥味。单叶互生，卵状盾形或倒卵形，叶面上有深褐色马蹄纹状环纹；茎部心形，边缘波状浅裂。花色多样，红色、紫色、黄色等。

注意事项

家庭养殖过程中，修剪枝叶、花朵的时候，尽量戴上手套，其汁液沾染皮肤会造成红肿、瘙痒。其香味有点像玫瑰，也有点像薄荷，不仅无毒，还可以调节荷尔蒙、刺激淋巴排毒、平衡皮肤油脂分泌，同时也是一种很好的驱虫剂。

马蹄纹天竺葵植株

马蹄纹天竺葵植株

马蹄纹天竺葵植株

马蹄纹天竺葵植株

马蹄纹天竺葵植株

马蹄纹天竺葵植株

非洲凤仙花

Impatiens walleriana Hook. f.

别名：苏丹凤仙花

识别要点

多年生草本。茎多汁，光滑，节间膨大，多分枝。单叶互生，卵形，边缘钝锯齿状。花腋生，花萼或花瓣基部常延伸成一个细长的空管状结构——距。花色丰富，有粉、白、橙、红、玫瑰红、杏黄等。

其他用途

长势旺盛，管理简单。适于盘盒容器、吊篮、花墙、窗盒和阳台栽培。

非洲凤仙花植株　非洲凤仙花植株

非洲凤仙花植株　非洲凤仙花植株

非洲凤仙花花（示距）　非洲凤仙花花（示距）

四季海棠

Begonia cucullata Willd.

别名：砚肉海棠

识别要点

肉质草本。节部膨大多汁，单叶互生，叶片晶莹，卵形、宽卵形或两侧不等的斜心脏形，有的叶片还形似像耳，叶基偏斜。叶色有紫红、深褐、纯绿、红绿或有白色斑纹。花单性，雌雄同株，有红、粉、白色等。

其他用途

同非洲凤仙花。

四季海棠植株　四季海棠植株

四季海棠植株　四季海棠植株

四季海棠枝条　四季海棠花（示雄花）

蔓花生

Arachis duranensis Krapov. et W. C. Greg.

别名：假花生、多年生花生

识别要点

蔓生性草本，一回羽状复叶，小叶两对呈倒卵形。花腋生，蝶形花冠，金黄色。

其他用途

除了观赏，还可用作改土绿肥、牧草、公园绿化、水土保持覆盖等。

蔓花生植株　蔓花生植株　蔓花生植株　蔓花生植株　蔓花生蝶形花冠　蔓花生茎叶

花叶冷水花

Pilea cadierei Gagnep. et Guill.

别名：白雪草

识别要点

草本，单叶对生，三出网脉，叶面生有漂亮的白色斑块。

其他用途

温带地区可盆栽或吊盆栽培。

花叶冷水花植株

花叶冷水花植株

花叶净水花植株

花叶净水花植株

花叶冷水花植株（示盆栽）

花叶冷水花花序

长春花

Catharanthus roseus (Linn.) G. Don

识别要点

多年生草本。茎直立，单叶对生，长椭圆状，叶面光滑无毛，主脉白色明显。花有白、红、粉、黄、紫等多种颜色，花冠高脚蝶状。

其他用途

全草入药，可止痛、消炎、安眠、通便和利尿等。

长春花植株　长春花植株　长春花植株　长春花植株　长春花花　长春花花

大丽花

Dahlia pinnata Cav. (*D. rosea* Cav.)

识别要点

草本，叶一至三回羽状全裂，上部叶有时不分裂。头状花序大，常下垂。

其他用途

根甘，微苦、凉。清热解毒，消肿。可治头风、脾虚食滞、痄腮、龋齿牙痛。

大丽花植株　大丽花植株

大丽花植株　大丽花头状花序

大丽花头状花序　大丽花头状花序

万寿菊

Tagetes erecta Linn.

识别要点

草本，叶一回羽状全裂，具有强烈的气味。头状花序单生，黄色、橙黄色、橙红色。

注：由于万寿菊品种很多，为了鉴别上的方便，统称万寿菊。

其他用途

根苦、凉，解毒消肿，可治上呼吸道感染、百日咳、支气管炎。花清热解毒，化痰止咳，有香味，可作芳香剂。

万寿菊植株　万寿菊植株　万寿菊植株　万寿菊植株　万寿菊植株　万寿菊头状花序

南美蟛蜞菊

Sphagneticola trilobata (L.) Pruski

别名：三裂叶蟛蜞菊

识别要点

多年生匍匐状蔓生草本，覆盖性很强，常被栽培来装饰庭园。单叶对生，卵状披针形，单裂或三裂，叶缘有锯齿，具毛。头状花序，由舌状花（黄色）和管状花组成。

其他用途

对城市垃圾渗滤液有一定耐性，对渗滤液污染土壤具有较好的净化修复能力，可作为垃圾填埋处理场植被重建材料。

南美蟛蜞菊植株　南美蟛蜞菊植株

南美蟛蜞菊植株　南美蟛蜞菊植株

南美蟛蜞菊植株　南美蟛蜞菊叶（背面观）　南美蟛蜞菊头状花序

蟛蜞菊

Sphagneticola calendulacea (L.) Pruski

识别要点

多年生匍匐状蔓生草本，覆盖性很强，单叶对生；无柄或短叶柄；叶片披针形或倒披针形，长 3 ~ 7 cm，宽 7 ~ 13 mm，顶端短尖或钝，全缘或有 1 ~ 3 对疏锯齿。头状花序由管状花和舌状花组成。

其他用途

具有清热解毒、凉血散瘀功效。常用于感冒发热、咽喉炎、扁桃体炎、腮腺炎、气管炎、肺炎、尿血、传染性肝炎、痢疾、痔疮等。

蟛蜞菊植株

蟛蜞菊植株

蟛蜞菊植株（示叶形）

蟛蜞菊植株

南美蟛蜞菊植株

南美蟛蜞菊和蟛蜞菊的主要区别

南美蟛蜞菊：叶卵形或倒卵形，明显 3 裂；

蟛蜞菊：叶披针形或倒披针形，全缘或有 1 ~ 3 对疏锯齿。

矮牵牛

Petunia × *hybrida* Vilm

别名：碧冬茄、撞羽朝颜

识别要点

多年生草本。茎直立或匍匐。单叶互生或对生，卵形，全缘，具毛。花单生，漏斗状，花瓣边缘变化大，有平瓣、波状、锯齿状瓣，花色有白、粉、红、紫、蓝、黄色等。

其他用途

常用于各式栽植槽的布置和公共场所的景观配置。

矮牵牛植株　矮牵牛植株

矮牵牛植株　矮牵牛植株

矮牵牛花　矮牵牛植株

夏堇

Torenia fournieri Linden. ex Fourn.

别名：蓝猪耳

识别要点

矮生性丛生草本，茎细小呈四棱型，单叶对生，卵形或卵状心形，叶缘有细锯齿。花冠唇形，花色丰富而多变，如粉红、紫蓝色等。由于花朵与董菜很为相似而得名。整朵花蓝紫色的斑块很大，极似猪头上的双耳，故又称之蓝猪耳。

其他用途

全草入药，清热解毒、利湿止咳、和胃止呕、化瘀。

夏堇植株 夏堇植株 夏堇植株 夏堇植株 夏堇花 夏堇主茎

金鱼草

Antirrhinum majus L.

别名：龙头花、龙口花、洋彩雀

识别要点

多年生直立草本，叶下部对生，上部常互生，披针形至矩圆状披针形，长 2 ~ 6 cm，全缘。总状花序顶生。花冠筒状唇形似金鱼，颜色多种，从红色、紫色至白色均有。二强雄蕊 4 枚。

其他用途

不仅供人欣赏，而且其种子经过压榨之后所产生的油，和橄榄油一样好用。

金鱼草植株　金鱼草植株　金鱼草植株　金鱼草植株　金鱼草植株　金鱼草植株

蓝花草

Ruellia brittoniana Leonard

别名：翠芦莉

识别要点

草本，茎稍木质，四棱形。单叶对生，节膨大，叶线形至线状披针形。花大，蓝色至蓝紫色。

其他用途

具有较强的抗旱、抗贫瘠和抗盐碱土壤的能力，因此可与岩石、墙垣或砾石相配，形成独具特色的岩石园景观。

蓝花草植株　蓝花草植株

蓝花草植株　蓝花草植株

蓝花草主干　蓝花草花

一串红

Salvia splendens Ker-Gawler

识别要点

草本，四方茎，叶对生，卵形，边缘有锯齿。轮伞状总状花序着生枝顶，唇形花冠，花冠、花萼同色，花萼宿存。变种有白色、粉色、紫色等。

其他用途

种子能够缓解伤口出血，降低体内热量排除湿气，同时还能缓解跌打损伤带来的疼痛瘀肿。对于女性经期带来的腹痛也能起到有效的止痛作用，药用价值非常高。

一串红植株　一串红植株

一串红植株　一串红植株

一串红枝条　一串红唇形花冠和花序

彩叶草

Plectranthus scutellarioides (L.) R. Br.

别名：洋紫苏

识别要点

草本，茎为四棱，单叶对生，卵圆形，先端长渐尖，叶缘具钝齿，叶面绿色，有淡黄、桃红、朱红、紫等色彩鲜艳的斑纹。

其他用途

除可作小型观叶花卉陈设外，还可配置图案花坛，也可作为花篮、花束的配叶使用。

彩叶草植株　彩叶草植株
彩叶草植株　彩叶草植株
彩叶草植株　彩叶草植株

蚌兰

Tradescantia spathacea Sw.

别名：紫背万年青

识别要点

草本，单叶互生而紧贴，宽披针形，长 15 ~ 30 cm，宽 2.5 ~ 6 cm，先端渐尖，基部鞘状，叶面光滑深绿，叶背暗紫色；花腋生基部叶腋处，花白色，数朵，包被 2 片蚌壳般的紫色佛焰苞片，“蚌兰”因此而得名。

其他用途

叶清热、止血、去瘀，治肺热燥咳、吐血、便血、尿血、痢疾、跌打损伤。

蚌兰植株　蚌兰植株　蚌兰植株　蚌兰植株　蚌兰植株　蚌兰花序

花序外面的2片佛焰苞片形如河蚌，“蚌兰”因此而得名

小蚌兰

Tradescantia spathacea 'Compecta'

识别要点

小蚌兰是蚌兰（紫背万年青）的一个品种，主要区别是小蚌兰成株较小，叶小而密生，剑形，硬挺质脆，叶面绿色，叶背紫色，通常不开花。

其他用途

同蚌兰。

小蚌兰植株

小蚌兰植株

小蚌兰植株

小蚌兰植株

小蚌兰植株

小蚌兰植株

紫鸭跖草

Tradescantia pallida (Rose) D. R. Hunt

别名：紫竹梅

识别要点

蔓性草本，单叶互生，披针形，茎叶均为紫色。花粉红色。

其他用途

一种用途广泛的中草药，提取的天然色素，水溶性好，颜色鲜艳自然，性质稳定，具有无毒、无污染、绿色环保，还可用于饮料、果酒及化妆品等日化产品。

紫鸭跖草植株　紫鸭跖草植株　紫鸭跖草植株　紫鸭跖草植株　紫鸭跖草枝条　紫鸭跖草花

吊竹梅

Tradescantia zebrina Heynh.

识别要点

草本。叶无柄，椭圆状卵形至矩圆形，上面紫绿色而杂以银白色，中部边缘有紫色条纹，下面紫红色。花小白色腋生。聚生于一大一小的顶生的苞片状叶内。

其他用途

有凉血止血、清热解毒、利尿的功能，可用于急性结膜炎、咽喉肿痛、白带、毒蛇咬伤等的治疗。

吊竹梅植株　吊竹梅植株
吊竹梅植株　吊竹梅植株
吊竹梅枝条　吊竹梅花

星花凤梨

Guzmania lingulata Mez

别名：果子蔓

识别要点

多年生草本。叶为带状，呈莲座状排列，花茎高出叶丛，苞片红色、黄色或紫色。穗状花序生于苞片叶腋内。

其他用途

夏季要遮掉约 50% 的阳光。春、秋、冬季由于温度不是很高，可以适当给予直射阳光照射，以利于进行光合作用，形成花芽，开花。

星花凤梨植株 星花凤梨植株

星花凤梨植株 星花凤梨植株

星花凤梨植株 星花凤梨花茎

凤梨科全世界有50多个属2 500多个品种，分为食用凤梨和观赏凤梨两种。食用凤梨即通常食用的菠萝；观赏凤梨是指除食用菠萝外，具有观赏价值的种、品种、栽培种，主要分布于星花凤梨属、水塔花凤梨属、彩叶凤梨属、珊瑚凤梨属、铁兰凤梨属和莺歌凤梨属6个属，以下种类是比较常见的观赏凤梨。

红玉扇（栽培种）

铁兰*Tillandsia cyanea*

彩叶凤梨*Neoregelia carolinae*

艳凤梨*Ananas comosus*‘Variegatus’

虎纹凤梨*Vriesea splendens*

松萝凤梨（老人须）*Tillandsia usuneoides*

花叶艳山姜

Alpinia zerumbet 'Variegata'

别名：花叶月桃

识别要点

草本，根状茎，叶柄呈鞘状，形成假茎。叶长椭圆状披针形，叶面有不规则的金黄色纵条纹，色泽鲜艳。总状花序，下垂。花冠裂片乳白色。

其他用途

根茎、果实药用。味辛、涩，性温。温中燥湿，行气止痛。主治心腹冷痛、胸腹胀满、消化不良、呕吐腹泻、疟疾。

花叶艳山姜植株　花叶艳山姜植株

花叶艳山姜植株　花叶艳山姜植株

花叶艳山姜植株　花叶艳山姜花解剖图

美人蕉

Canna indica Linn.

识别要点

草本，叶长椭圆状披针形或阔椭圆形，平行脉。瓣化雄蕊 2 枚，倒披针形，鲜红色，长 3.5 ~ 5.5 cm。花色多样，有橙黄、橘红、粉红色等。

其他用途

根茎清热利湿、舒筋活络，治黄疸肝炎、风湿麻木、外伤出血、跌打、子宫下垂、心气痛等。茎叶纤维可制人造棉、织麻袋、搓绳。

美人蕉植株　美人蕉植株

美人蕉花序　美人蕉果

大花美人蕉

Canna × generalis L. H. Bailey et E. Z. Bailey

识别要点

草本，地上假茎直立无分枝。叶长椭圆形，叶柄鞘状。瓣化雄蕊色彩丰富，有大红、橙黄色等，成为主要观赏部分。

其他用途

能吸收 SO_2、HF、CO_2 等有害物质，叶片受害后能重新长出新叶。由于反应敏感，有“活的有害气体污染环境监测器”美誉。

美人蕉和大花美人蕉的主要区别

名称	茎叶特征	瓣化雄蕊
美人蕉	茎叶不具粉霜	瓣化雄蕊长 3.5～5.5 cm，宽不及 1 cm
大花美人蕉	茎叶具粉霜	瓣化雄蕊长 5～10 cm，宽 2～3.5 cm

大花美人蕉植株　大花美人蕉植株　大花美人蕉花序　大花美人蕉植株　大花美人蕉花　大花美人蕉花解剖图

黄脉美人蕉

Canna × generalis 'Striatus'

别名：金脉美人蕉

识别要点

黄脉美人蕉是大花美人蕉的一个品种。基本特征同大花美人蕉。主要区别是黄脉美人蕉叶片上的主脉和侧脉，呈金黄、奶黄、绿黄等色彩。

注意事项

喜高温炎热，好阳光充足。在肥沃而富含有机质的深厚土壤中生长健壮，怕强风，不耐寒，一经霜打，地上茎叶均枯萎，留下地下茎块。

黄脉美人蕉植株

黄脉美人蕉植株

黄脉美人蕉植株

黄脉美人蕉植株

黄脉美人蕉植株

黄脉美人蕉花

紫背竹芋

Stromanthe sanguinea Sond.

别名：红背竹芋

识别要点

多年生草本植物。株高 80 ~ 100 cm，直立。叶片长卵形或披针形。叶面深绿色有光泽，叶背血红色，形成鲜明的对比。穗状花序，苞片及萼鲜红色，花瓣白色。背部呈紫红色。

注意事项

喜高温、高湿的半阴环境，不耐寒，忌烈日暴晒。栽培土质以腐殖质土或砂质壤土为佳，排水需良好。

紫背竹芋植株　紫背竹芋植株

紫背竹芋植株　紫背竹芋植株

紫背竹芋花序　紫背竹芋果

紫背栉花竹芋

Ctenanthe oppenheimiana (E. Morren) K. Schum.

别名：紫背锦竹芋、艳锦竹芋

识别要点

草本，株高 30 ~ 80 cm，叶柄较短，叶长约 25 cm，宽 8 ~ 15 cm；叶面暗绿色，有光泽，中脉淡绿色，沿中脉两侧有斜向上的绿色条斑，叶背紫红色并有绿色条斑。

注意事项

同紫背竹芋。

紫背栉花竹芋植株　紫背栉花竹芋植株

紫背栉花竹芋植株　紫背栉花竹芋植株

紫背栉花竹芋植株　紫背栉花竹芋花序

孔雀竹芋

Calathea makoyana E. Morr.

识别要点

多年生常绿草本。植株呈丛状；高可达60 cm，叶长15 ~ 20 cm，宽5 ~ 10 cm，卵状椭圆形，叶柄紫红色。叶面具深浅不同的绿色斑纹，且明亮艳丽。叶背部多呈褐红色。

其他用途

根茎中含有淀粉，可食用，具有清肺热、利尿等作用。

孔雀竹芋植株　孔雀竹芋植株

孔雀竹芋植株　孔雀竹芋植株

孔雀竹芋植株　孔雀竹芋叶片

沿阶草

Ophiopogon bodinieri Lévl.

识别要点

草本，茎短，包于叶基中，叶条形，绿色，丛生于基部，下垂。花白色。

其他用途

全株入药，主治肺燥干咳、肺痈、阴虚劳嗽、津伤口渴、消渴、心烦失眠、咽喉疼痛、肠燥便秘、血热吐衄、滋阴润肺、益胃生津、清心除烦。

容易混淆的植物：麦冬 *Ophiopogon japonicus* (Linn. f.) Ker-Gawl.

名称	花柱	花	花葶
沿阶草	细长	开花时，花被片多少展开	花葶稍短于叶或近等长
麦冬	粗短	开花时，花被片几乎不展开	花葶常比叶短得多

沿阶草植株　沿阶草植株　沿阶草植株　沿阶草植株　沿阶草植株　沿阶草果

银边沿阶草

Ophiopogon intermedius
'Argenteo-marginatus'

识别要点

草本，茎短，包于叶基中；叶条形，丛生于基部，边缘银白色，下垂。花白色。

其他用途

块根有养阴、生津、润肺、止咳功效。

银边沿阶草植株

银边沿阶草植株

银边沿阶草植株

银边沿阶草植株

银边沿阶草植株

银边沿阶草花序

银边山菅兰

Dianella ensifolia (L.) DC. 'Silvery Stripe'

识别要点

草本，叶条状披针形，边缘银白色。花淡黄色。

注意事项

全草有毒，尤其浆果紫蓝色，深为诱人，容易导致儿童误食，故不宜配置于幼儿园、儿童公园等场所。

银边山菅兰植株　银边山菅兰植株

银边山菅兰植株　银边山菅兰植株

银边山菅兰植株

银边山菅兰花

麝香百合

Lilium longiflorum Thunb.

识别要点

草本，单叶互生，条形。花数朵顶生，花被2轮，每轮3片，雄蕊2轮，每轮3枚，3心皮组成的复雌蕊，俗称“5轮3数”，花冠前部外翻呈喇叭状，花被片乳白色，味香。

其他用途

鳞茎是著名的保健食物，鲜品用于制作菜肴。鳞叶可治肺痨久咳、咳嗽痰血、虚烦惊悸、精神恍惚等。花可治咳嗽、眩晕、夜寐不安、天疮湿疮等。

麝香百合植株　麝香百合植株

麝香百合花枝　麝香百合花

麝香百合花　麝香百合花

杂交百合

Lilium hybrida

杂交百合相比单一百合种，抗病能力强，色颜更丰富，香味更浓郁，植株更健壮。目前，百合育种水平最高的国家是荷兰，很多百合新品种都是由荷兰人培育。当中许多经典品种虽然已经流行很多年，但依然是市场的主流品种。我国的百合育种工作已经进行很多年，但是一直没有特别出色的品种育成，还需要不断的积累。以下各种百合均为杂交品种。

糖果俱乐部百合　塞拉诺百合

水晶布兰卡百合　金百合

百合（水晶眼，东方型）　火百合（葵百合）

海芋

Alocasia odora (Roxb.) K. Koch

识别要点

直立草本，叶多数，螺旋状排列；叶柄粗大，长可达 1.5 m，下部 1/2 具鞘；叶片革质，箭状卵形，边缘浅波状，长 50 ~ 90 cm，宽 40 ~ 80 cm，佛焰花序（肉穗花序），浆果红色（有毒）。

其他用途

能维持 CO_2 与 O_2 平衡，改善小气候，减弱噪音，涵养水源，调节湿度；除此之外，还有吸收粉尘、净化空气等功能。但是，茎叶果有毒，不可误食。

海芋植株　海芋植株　海芋叶　海芋植株　海芋植株（示盆栽）　海芋佛焰花序　海芋果实

春羽

Philodendron selloum K. Koch

别名：春芋、羽裂喜林芋、羽裂蔓绿绒

识别要点

草本。茎粗壮直立，叶于茎顶向四方伸展，叶柄长 40 ~ 50 cm，单叶互生，卵状心脏形，长可及 60 cm，宽及 40 cm，叶面鲜绿有光泽，羽状深裂，呈革质。

其他用途

在光线较强的室内可以放置数月之久，植株生长不会受太大影响；在较阴暗的房间中也可以观赏 2 ~ 3 周。

春羽植株　春羽植株　春羽植株　春羽植株　春羽叶　春羽花序

龟背竹

Monstera deliciosa Liabm

别名：穿孔喜林芋

识别要点

半蔓型植物，茎粗壮，节多似竹；单叶互生，幼叶心脏形，没有穿孔，成年叶呈矩圆形，具不规则羽状深裂，自叶缘至叶脉附近孔裂，如龟甲图案，龟背竹因此而得名。

其他用途

具有晚间吸收 CO_2、甲醛、苯等有害气体功效，一棵龟背竹对甲醛吸附量与 10 g 椰维炭吸附量相当，达到净化室内空气的效果，是一种理想的室内植物。

龟背竹植株

龟背竹植株

龟背竹花序

春羽和龟背竹的主要区别

春羽：叶羽状深裂，无孔裂；

龟背竹：叶除了羽状深裂，还有孔裂。

春羽叶

龟背竹叶

红掌

Anthurium andraeanum Linden

别名：花烛、安祖花

识别要点

草本，叶从根茎抽出，具长柄，单生，心形，鲜绿色，叶脉凹陷。肉穗花序，苞片蜡质，心形至卵圆形，鲜红色、粉红色、绿色或白色。

注：红掌品种繁多，为了鉴别上的方便，统称红掌。

其他用途

可以吸收人体排出的废气（氨气、丙酮），也可以吸收装修残留的各种有害气体（甲醛等），同时可以保持空气湿润。

红掌植株　红掌植株

红掌植株　红掌植株

红掌肉穗花序　红掌肉穗花序

白掌

Spathiphyllum floribundum (Linden et Andre) N. E. Br.

别名：白鹤芋

识别要点

草本。具短根茎。叶长椭圆状披针形，两端渐尖，叶脉明显凹陷。肉穗花序圆柱状，佛焰苞白色。

其他用途

可以过滤室内废气，对氨气、丙酮、苯和甲醛都有一定的清洁功效。还可以用作切花。

白掌植株　白掌植株　白掌植株　白掌植株（示叶形）　白掌肉穗花序（佛焰花序）　白掌肉穗花序（佛焰花序）

马蹄莲

Zantedeschia aethiopica (Linn.) Spreng

识别要点

草本。叶基生，卵状箭形，全缘，鲜绿色。肉穗花序（佛焰花序），佛焰苞片白色。

马蹄莲植株　马蹄莲植株

马蹄莲肉穗花序（佛焰花序）　马蹄莲肉穗花序（佛焰花序）

彩色马蹄莲

Zantedeschia hybrida

识别要点

基本特征同马蹄莲，不同点是彩色马蹄莲肉穗花序（佛焰花序）佛焰苞片色彩多样。

彩色马蹄莲植株

彩色马蹄莲肉穗花序（佛焰花序）

水鬼蕉

Hymenocallis littoralis (Jacq.) Salisb

别名：蜘蛛兰

识别要点

草本。叶基生，抱茎，剑形，长 45 ~ 75 cm，宽 2.5 ~ 6 cm，深绿色，平行脉。花白色，花被裂片线状。花丝基部合成的杯状体（副花冠）钟形或漏斗形，显著，白色具齿。

其他用途

叶辛，温。舒筋活血，消肿止痛。用于治疗风湿关节痛、甲沟炎、跌打肿痛、痈疽、痔疮。

水鬼蕉植株　水鬼蕉植株

水鬼蕉植株　水鬼蕉植株

水鬼蕉植株　水鬼蕉花

葱莲

Zephyranthes candida (Lindl.) Herb.

别名：玉帘、葱兰

识别要点

草本植物。成株丛生。叶片线形，宽 2 ~ 4 mm。花茎自叶丛中抽出，花被片 6 枚，白色。

其他用途

可治小儿惊风、羊痫风。但鳞茎叶含石蒜碱、多花水仙碱、尼润碱等生物碱。花瓣含云香甙。建议不要擅自食用，误食鳞茎会引起呕吐、腹泻、昏睡、无力。

葱莲植株　葱莲植株　葱莲植株　葱莲植株　葱莲植株　葱莲花

韭莲

Zephyranthes carinata Herb.

别名：韭兰、风雨花

识别要点

多年生草本植物。株高 15 ~ 30 cm，成株丛生状。叶子似韭菜叶，扁平，宽 6 ~ 8 mm。花瓣 6 枚，粉红色。

其他用途

全草及鳞茎入药，有散热解毒、活血凉血的功能，用于跌伤红肿、毒蛇咬伤、吐血、血崩等。

韭莲植株　韭莲植株　韭莲植株　韭莲花

葱莲和韭莲的主要区别

名称	花被片颜色	叶
葱莲	白色	宽 2 ~ 4 mm
韭莲	玫瑰红或粉红色	宽 6 ~ 8 mm

葱莲花　韭莲花

小韭莲

Zephyranthes minuta (Kunth) D. Dietr

别名：小韭兰

识别要点

草本，植株较小，花瓣 6 枚，深红色，较硬挺，不易下垂，结果容易。

注意事项

喜温暖、湿润、阳光充足，亦耐半阴。宜排水良好、富含腐殖质的砂质壤土。

韭莲与小韭莲的主要区别

名称	花的大小	花的颜色	花状态	果
韭莲	大	粉红	花瓣易弯，易下垂	不易结果
小韭莲	小	深红	花瓣较硬挺，不易下垂	易结果

小韭莲植株　小韭莲植株　小韭莲植株　小韭莲花

金边虎尾兰

Sansevieria trifasciata 'Laurentii'

别名：金边虎皮兰

识别要点

肉质草本，叶片肥厚革质，丛生，扁平，直立，顶端尖，剑形；叶长 30 ~ 50 cm，宽 4 ~ 6 cm，全缘。叶色浅绿，叶缘金黄色，正反两面具白色和深绿色的横向如云层状条纹，状似虎皮，表面有很厚的蜡质层。

其他用途

有报道金边虎尾兰在吸收 CO_2 的同时放出 O_2，使室内空气中的负离子浓度增加，是净化室内环境的观叶植物。

金边虎尾兰植株　金边虎尾兰植株　金边虎尾兰植株　金边虎尾兰植株　金边虎尾兰植株　金边虎尾兰植株　金边虎尾兰植株

金边龙舌兰

Agave Americana
'Marginata'

识别要点

草本。茎短，稍木质。叶多丛生，长椭圆形，大小不等。小者长 15 ~ 25 cm，宽 5 ~ 7 cm，大者长可达 1 m，宽至 20 cm 左右，质厚。平滑，绿色，边缘有黄白色条带镶边。

注意事项

喜温暖、光线充足的环境，生长温度为 15 ~ 25℃，耐旱性强，要求疏松透水的土壤。

金边龙舌兰植株

金边龙舌兰植株

金边龙舌兰植株

金边龙舌兰植株

金边龙舌兰植株

金边龙舌兰植株

大叶仙茅

Curculigo capitulata (Lour.) O. Kuntze

别名：野棕、船仔草

识别要点

多年生草本花卉，株高 40 ~ 70 cm，叶自地下根茎生出，椭圆状披针形，平行脉凹皱明显，初看似椰子类幼苗，造型如船身。成株丛生状，小花黄色。

注意事项

根和根状茎能润肺化痰、止咳平喘、镇静健脾、补肾固精，可治肾虚喘咳、腰膝酸痛、白带、遗精。

大叶仙茅植株

大叶仙茅植株

大叶仙茅植株

大叶仙茅植株

大叶仙茅植株

大叶仙茅叶

兰科
（Orichidaceae）

识别要点

兰花包括国兰和洋兰两大类群：

（1）国兰：广义的“国兰”是指整个兰属（*Cymbidium*）的地生兰植物，包括虎头兰、独占春、碧玉兰等在内。狭义的“国兰”是中国人对春兰、蕙兰、建兰、寒兰、春剑、莲瓣等国产传统兰花的爱称。国兰的特点是：花小不艳、花香独特，属于地生兰花。

国兰植株　　国兰植株

（2）洋兰：指的是兰科植物中花大而色泽鲜艳的附生兰花种类。“洋兰”产热带、亚热带，统称“热带兰”，因其大多数种类附生在雨林的树枝或岩石上，故又称“附生兰”。由于它们悬空生长，伸出气生根，也称为“气生兰”。洋兰的特点是：花形奇特、色彩艳丽。

洋兰植株　　洋兰花

蝴蝶兰

Phalaenopsis hybrida

别名：蝶兰

识别要点

草本，茎很短，常被叶鞘所包。叶片稍肉质，常 3 ~ 4 片或更多，椭圆形，长圆形或镰刀状长圆形。总状花序侧生于茎的基部，花冠似蝴蝶，花色多样。

生长方式

通过吸收空气中的养分而生存，是热带兰花中的一个大族。育种学家们利用各地搜集到的珍贵原种进行人工交配，改良出各种美丽的花色、花型，如达 20 cm 的大白花蝴蝶兰等。

蝴蝶兰植株　蝴蝶兰植株

蝴蝶兰花　蝴蝶兰花

蝴蝶兰花　蝴蝶兰花

大花蕙兰

Cymbidium hybrida

别名：虎头兰

识别要点

草本，叶片 2 列，长披针形，叶片长度、宽度不同品种差异很大。总状花序较长。花被片 6，外轮 3 枚为萼片，花瓣状。内轮为花瓣，下方的花瓣特化为唇瓣。

大花蕙兰是国兰还是洋兰：广义的“国兰”是指整个兰属（*Cymbidium*）地生兰植物，从大花蕙兰学名“*Cymbidium hybrida*”可知，大花蕙兰是兰属植物中大花种类通过人工杂交培育出来的物种，既有国兰的幽香典雅，又有洋兰的丰富多彩。但本质上属于广义国兰的一部分。

大花蕙兰植株

大花蕙兰植株

大花蕙兰花

大花蕙兰花

大花蕙兰花

大花蕙兰花

其他兰花

以下几种兰花均属于洋兰范畴。“国兰之外的其他兰花统称为洋兰”，这样的定义很容易造成错觉，即“洋兰均产自国外”，殊不知我国的华南、西南热带和亚热带地区有许多洋兰的原产地。如书中介绍的蝴蝶兰、兜兰以及产于我国本地的石斛兰、石豆兰、独蒜兰和兰属中的虎头兰等都归属于洋兰类。因此，“洋兰”并不是科学的植物分类名词，而是由于历史形成的习惯分类法所致。

文心兰（舞女兰）*Oncidium hybrida*花序

文心兰（舞女兰）花冠

卡特兰*Cattleya* sp.

杏黄兜兰 *Paphiopedilum armeniacum* S.C. Chen et F. Y. Liu

硬叶兜兰 *Paphiopedilum micranthum* T. Tang et F. T. Wang

兜兰*Paphiopedilum* sp.

台湾草

Zoysia pacifica (Goudswaard) M. Hotta et S. Kuroki

别名：细叶结缕草

识别要点

草本，具细而密的根状茎和节间极短的匍匐枝。秆纤细，高 5 ~ 10 cm，叶片丝状内卷，长 2 ~ 6 cm，宽 0.5 ~ 1 mm。

其他用途

草质柔嫩，适口性好，牛、马、羊均喜食，为优等牧草；铺建草坪的优良禾草，因草质柔软，尤宜铺建儿童公园。

台湾草植株

台湾草植株

台湾草植株

台湾草植株

台湾草植株

台湾草植株（示花序）

鹰爪

Artabotrys hexapetalus (L. F.) Dhandari

别名：鹰爪花

识别要点

藤状灌木，单叶互生，枝条呈“之”字形，花序梗呈“钩”状。

其他用途

根苦、寒，可杀虫，治疟疾。果实微苦、涩，凉。清热解毒，鲜花含芳香油，可提制鹰爪花浸膏，用于高级香水化妆品和皂用香精原料，亦供熏茶用。

鹰爪植株　鹰爪植株　鹰爪植株　鹰爪枝条　鹰爪花　鹰爪果

假鹰爪

Desmos chinensis Lour.

别名：酒饼叶

识别要点

藤状灌木，单叶互生，皮孔极发达，果实呈念珠状。

其他用途

根、叶供药用，可治风湿痛、跌打扭伤、肠胃积气等；茎皮纤维可代麻制绳索，是人造棉和造纸的原材料；海南民间有用其叶来制酒饼，故有“酒饼叶”之称。

假鹰爪植株　假鹰爪植株

假鹰爪枝条（示皮孔）　假鹰爪枝条（示皮孔）

假鹰爪花　假鹰爪果（示念珠状）

珊瑚藤

Antigonon leptopus Hook. et Arn.

别名：紫苞藤

识别要点

多年生藤本，具有明显的卷须，单叶互生，卵状三角形，基部戟形，叶脉明显凹陷。花粉红色。

注意事项

性喜高温、湿润、明亮光照环境。排水良好且富含腐殖质的壤土中生长较好，稍耐寒，5℃以上即可安全越冬。其他地区多行盆栽，温室越冬。

珊瑚藤植株 珊瑚藤植株

珊瑚藤枝条 珊瑚藤枝条

珊瑚藤花枝 珊瑚藤花枝

宝巾

Bougainvillea glabra Choisy

别名：光叶子花、勒杜鹃、叶子花、三角梅

识别要点

攀缘状灌木，单叶互生，具刺。花的苞片 3 枚，呈紫色、黄色、橙色或白色。

其他用途

老蔸宝巾可培育成桩景，苍劲艳丽，观赏价值尤高。宝巾喜阳光充足、温暖湿润的气候，不耐寒，3℃以上才可安全越冬，15℃以上方可开花。

宝巾植株　宝巾植株　宝巾植株　宝巾植株　宝巾花和苞叶（示苞片）　宝巾枝条

使君子

Quisqualis indica L.

别名：留求子、史君子

识别要点

落叶攀缘状灌木，幼枝被棕黄色短柔毛。单叶对生或近对生；卵形或椭圆形，长 5 ~ 11 cm，宽 2.5 ~ 5.5 cm，顶端短渐尖，基部钝圆，侧脉下陷。伞房状花序；花两性，初为白色，后转淡红色。

其他用途

种子为中药中最有效的驱蛔药之一，对小儿寄生蛔虫症疗效尤著。

使君子植株　使君子植株　使君子植株　使君子枝条　使君子花序　使君子花

锦屏藤

Cissus sicyoides L.

识别要点

多年生常绿蔓性草质藤本植物，单叶互生，长心形，叶缘有锯齿，茎节生长红褐色具金属光泽、不分枝、细长气生根，可长达 3 m，数百或上千条垂悬于棚架下，状极殊雅，风格独具。

注意事项

气根生长到棚架上时候，可以根据自身的兴趣与爱好将其修剪成造型。成株之后的锦屏藤无需修剪，冬季只需将一些病虫枝、枯枝或者一些过长的枝条清除掉即可。

锦屏藤植株（示发达气生根）

锦屏藤植株（示发达气生根）

锦屏藤植株

锦屏藤植株

锦屏藤枝条

锦屏藤枝条

异叶地锦

Parthenocissus dalzielii Gagnep.

别名：异叶爬山虎

识别要点

多年生藤本植物，有卷须。叶两型，侧出长枝上有散生较小的单叶，短枝上集生三出掌状复叶，中间小叶长椭圆形，先端渐尖。

其他用途

全草入药，性味辛平，有清热解毒、凉血止血、利湿退黄之功效。可治痢疾、泄泻、尿血、便血、湿热黄疸。

异叶地锦植株　异叶地锦植株

异叶地锦枝条　异叶地锦枝条

异叶地锦枝条　异叶地锦枝条

地锦

Parthenocissus tricuspidata (Sieb. et Zucc.) Planch.

别名：爬山虎

识别要点

多年生藤本植物，有卷须。单叶互生，叶均为单叶三浅裂，偶尔植株基部 2 ～ 4 个短枝上生有三出掌状复叶。

其他用途

干燥全草性味辛平，有清热解毒、凉血止血、利湿退黄之功效。可治痢疾、泄泻、咯血、尿血、便血、崩漏、疮疖痈肿、湿热黄疸。

地锦植株　地锦植株　地锦植株　地锦植株

地锦植株

地锦植株

地锦叶

异叶地锦和地锦的主要区别

异叶地锦：两型叶，短枝上集生三出掌状复叶，侧出长枝上有较小的单叶；

地锦：单叶三浅裂，偶尔植株基部2~4个短枝上生有三出掌状复叶。

玉叶金花

Mussaenda pubescens Ait.

别名：白纸扇

识别要点

藤本，单叶对生，卵状长圆形或椭圆状披针形，长 5～8 cm，宽 2～3.5 cm，柄间托叶 2 深裂，裂片条形。花黄色，花萼 1 裂片变态成白色的叶状体。

其他用途

在净化空气、涵养水源、保持水土、改善生态环境等方面均有重要作用。

容易混淆的植物：楠藤（大叶白纸扇）*Mussaenda erosa* Champ.

名称	花萼裂片	果实
玉叶金花	花萼裂片线形，比萼筒长 2 倍以下	果被柔毛
楠藤	花萼裂片比萼筒短	果无毛

玉叶金花植株　玉叶金花植株

玉叶金花枝条（示条状柄间托叶）　玉叶金花花枝

玉叶金花花序　玉叶金花花序

五爪金龙

Ipomoea cairica (L.) Sweet

别名：五爪龙

识别要点

单叶互生，叶掌状 5 深裂或全裂，裂片卵状披针形、卵形或椭圆形，中裂片较大，两侧裂片稍小。花紫红色、紫色或淡红色，偶有白色，漏斗状。

其他用途

块根供药用，外敷热毒疮，有清热解毒之效。五爪金龙虽然美丽，但广泛蔓延，覆盖小乔木、灌木和草本植物，又成为园林中一害草，应科学种植和应用。

五爪金龙植株　五爪金龙植株　五爪金龙植株　五爪金龙植株　五爪金龙叶　五爪金龙花

茑萝

Ipomoea quamoclit L.

别名：五角星花

识别要点

一年生小型缠绕藤本。单叶互生，一回羽状全裂，裂片线形。花冠漏斗形（喇叭形），深红鲜艳，红色或白色。茑萝细长光滑的蔓生茎，长可达 4 ~ 5 m，柔软，极富攀缘性，是理想的绿篱植物。

其他用途

具有清热消肿功效，能治耳疔、痔瘘等。

茑萝植株　茑萝枝条

茑萝植株　茑萝植株

茑萝花　茑萝花

炮仗花

Pyrostegia venusta
(Ker.-Gawl.) Miers

识别要点

木质攀缘大藤本，总叶柄对生，掌状复叶，其中 1 片小叶变态成卷须，卷须顶端 3 裂。花冠橙红色，形似炮仗。

其他用途

花味甘、性平，叶味苦、微涩、性平，可润肺止咳、清热利咽。

炮仗花植株　炮仗花植株　炮仗花植株　炮仗花花和花序　炮仗花枝条　炮仗花枝条

大花老鸦嘴

Thunbergia grandiflora (Rottl. ex Willd.) Roxb.

别名：山牵牛、大邓伯花

识别要点

木质藤本，单叶对生，节膨大，阔卵形，浅裂。花大，腋生，喇叭状。初花期蓝色，盛花期浅蓝色，末花期近白色。蒴果长约 3 cm，开裂时似乌鸦嘴。

其他用途

根皮可用于跌打损伤、骨折、经期腹痛、腰肌劳损、消肿拔毒、排脓生肌、治枪炮伤。

大花老鸦嘴植株　大花老鸦嘴植株

大花老鸦嘴枝条　大花老鸦嘴花枝

大花老鸦嘴花枝　大花老鸦嘴花

天门冬

Asparagus cochinchinensis (Lour.) Merr.

识别要点

攀缘藤本。叶状枝稍阔，条形，通常 3 片丛生，长 2.5 ~ 4 cm；茎上有叶变成的短刺，叶退化成鳞片状。花通常每 2 朵腋生，淡绿色。浆果，熟时红色。

其他用途

块根是常用的中药，有滋阴润燥、清火止咳之效。

天门冬植株　天门冬植株　天门冬植株　天门冬枝条　天门冬花　天门冬果

合果芋

Syngonium podophyllum Schott

别名：白蝴蝶、长柄合果芋

识别要点

蔓性常绿草本植物。叶片呈两型，幼叶为单叶，箭形或戟形；老叶为掌状叶，3～5 裂，中间 1 片叶大型。叶片绿色或者黄白色。

其他用途

叶子可以提高空气湿度，吸收大量的甲醛和氨气，是一种很好的室内栽培植物。

合果芋植株　合果芋植株　合果芋植株　合果芋植株　合果芋植株（示叶形）　合果芋植株（示叶形）

绿萝

Epipremnum aureum (Linden et André) G. S. Bunting

别名：黄金葛

识别要点

藤本，单叶互生，幼叶卵心形，成年叶长卵形，长约 15 cm，宽约 10 cm，野生的能达到 100 cm 长，45 cm 宽。纯绿色叶片称绿萝，有黄色斑点的叶片称黄金葛。

其他用途

能吸收空气中的苯、三氯乙烯、甲醛，并在新陈代谢中将甲醛转化成糖或氨基酸等物质。一盆绿萝在 8 ~ 10 m^2 的房间就相当于一个空气净化器。

绿萝植株　绿萝枝条
绿萝植株　绿萝植株　绿萝植株
绿萝植株　绿萝植株

中文名索引 | CHINESE NAME INDEX

学名索引 | SCIENTIFIC NAME INDEX

主要参考文献 | MAIN REFERENCE

[1] GRAF A B. TROPICA: color cyclopedia of exotic plants and trees. 4th ed. East Rutherford: Roehrs Company , 1992.

[2] 傅立国．中国高等植物：第三卷至第十三卷．青岛：青岛出版社，2012.

[3] 中国科学院华南植物研究所．广东植物志：第一卷至第九卷．广州：广东科学技术出版社，1987—2007.

[4] 中国科学院植物研究所．中国高等植物图鉴：第一册至第五册．北京：科学出版社，1972—1976.

[5] 朱家柟．拉汉英种子植物名称．2版．北京：科学出版社，2001.

[6] 陈心启，吉占和．中国兰花全书．北京：中国林业出版社，1998.

[7] 陈俊愉，程绪珂．中国花经．上海：上海文化出版社，1990.

[8] 焦瑜，李承森．中国云南蕨类植物．北京：科学出版社，2007.

[9] 艾铁民．药用植物学．北京：北京大学医学出版社，2004.

[10] 马炜梁．植物学．2版．北京：高等教育出版社，2015.

[11] 周云龙．植物生物学．4版．北京：高等教育出版社，2016.

[12] 叶创兴，朱念德，廖文波，等．植物学．2版．北京：高等教育出版社，2014.

[13] 熊济华．观赏树木学．北京：中国农业大学出版社，1998.

[14] 赵松，张文瑾．世界各国国花和国鸟．北京：世界知识出版社，1983.

[15] 叶华谷，邢福武．广东植物名录．广州：世界图书出版公司，2005.

[16] 叶华谷，彭少麟．广东植物多样性编目．广州：世界图书出版公司，2006.

[17] 江苏新医学院．中药大辞典：下册．上海：上海科学技术出版社，1997.

[18] 郭巧生．药用植物栽培学．北京：高等教育出版社，2005.